1 Kreise das Grundmuster immer ein.

2

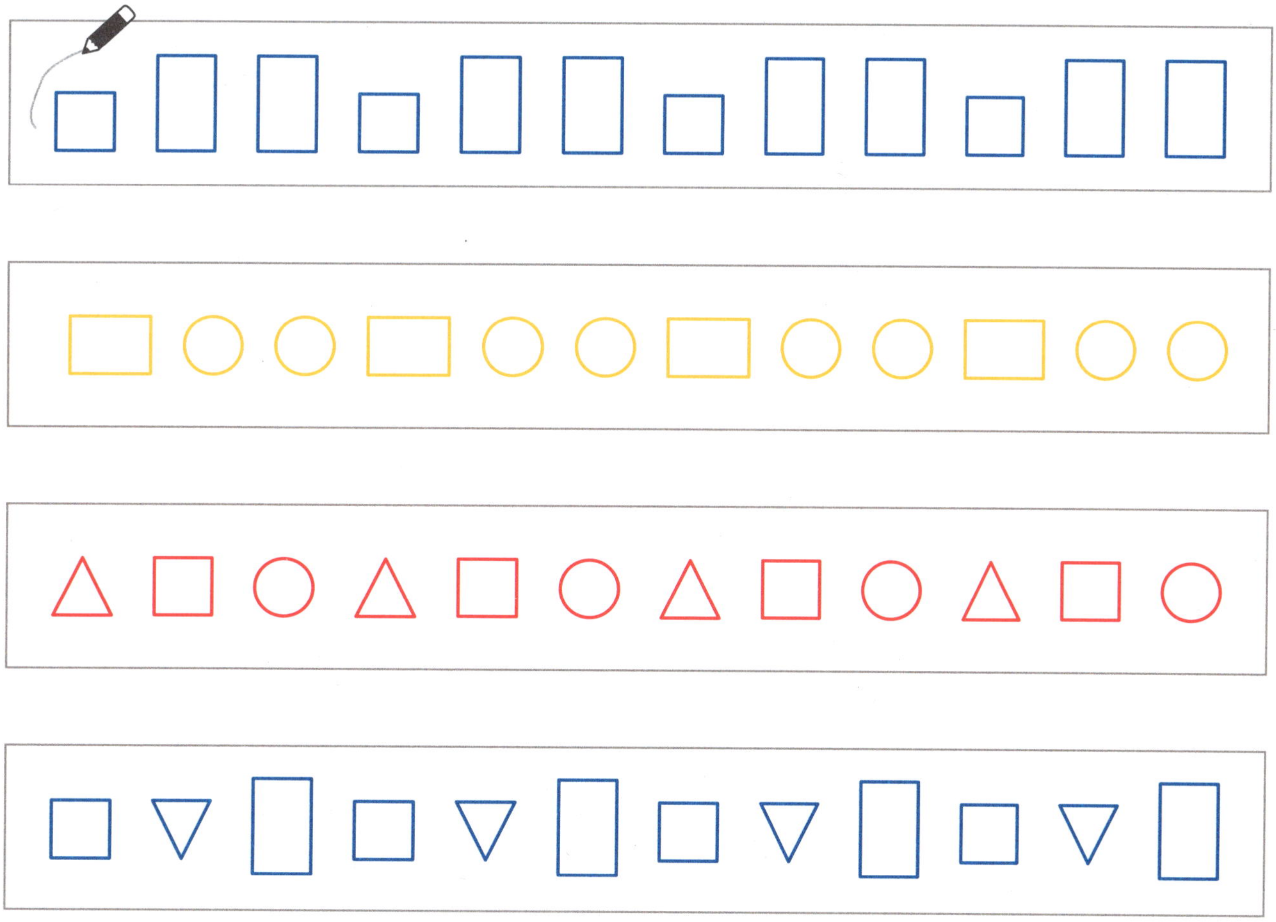

QR-Code: Erklärvideo nutzen.

1 Kreise erst das Grundmuster ein. Setze fort.

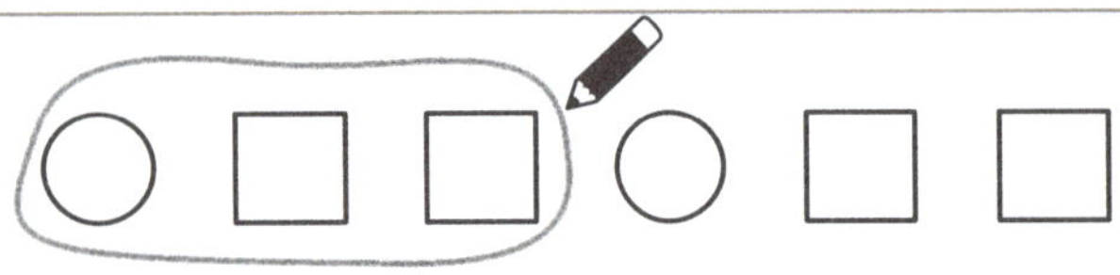

2

Freihandzeichnen.

1

der Holzwürfel

der Würfel

das Handy

die Tonne

die Kugel

der Spielwürfel

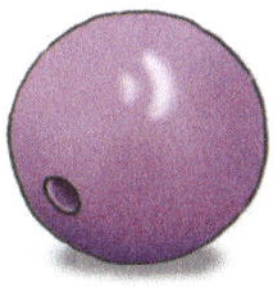
die Perle

der Quader

der Ball

die Kerze

der Zylinder

die Milchtüte

Gegenstände den passenden geometrischen Körpern zuordnen.

1

der Schuhkarton

das Geschenk

rollt

die Wassermelone

der Klebestift

kippt

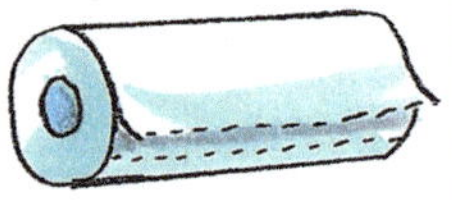

die Küchenrolle

der Tischtennisball

rollt und kippt

das Puzzle

die Dose

Gegenstände den passenden geometrischen Körpern zuordnen.

1 Schreibe die Baupläne zu den Würfelgebäuden.

A

2	3

B

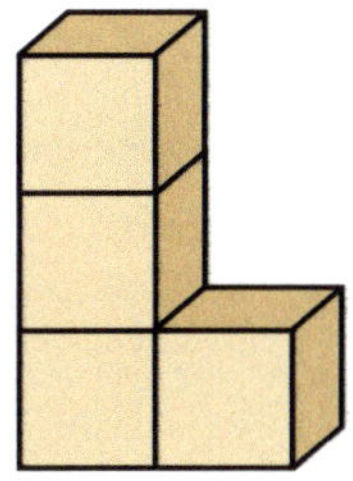

C

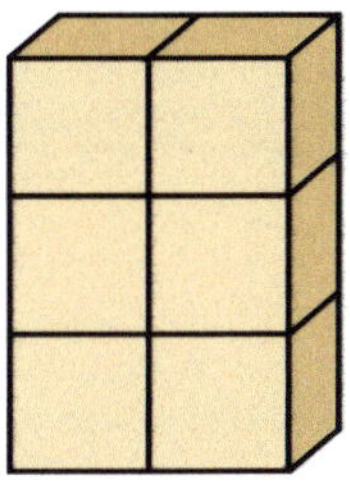

D

2 A

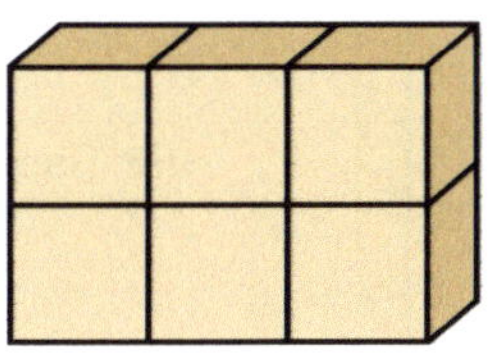

B

C

D

QR-Code: Erklärvideo nutzen.

1 Schreibe die Baupläne zu den Würfelgebäuden.

A

B

C

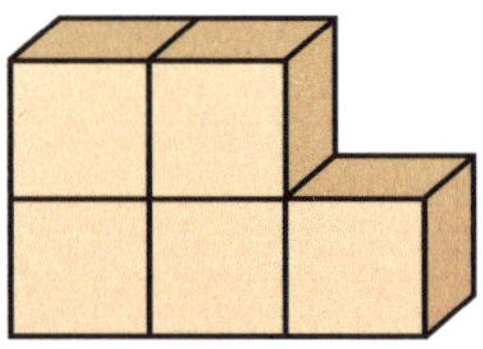

D

2 A

B

C

D

QR-Code: Erklärvideo nutzen.

1 Zeichne jeweils das Spiegelbild. Prüfe mit dem Spiegel.

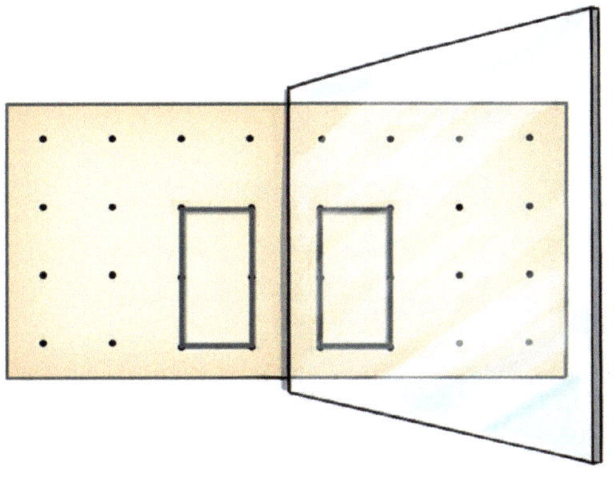

A

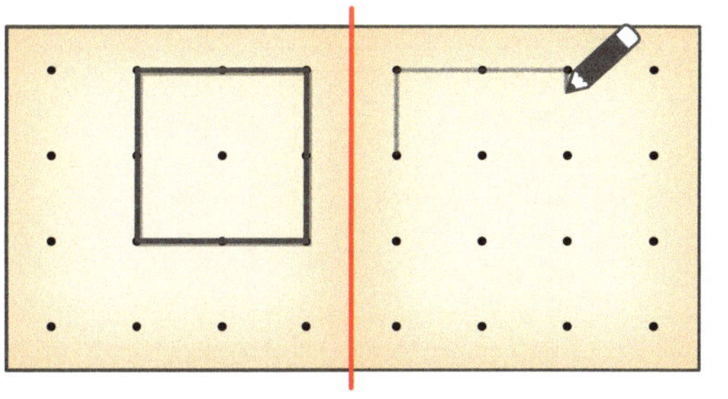

B

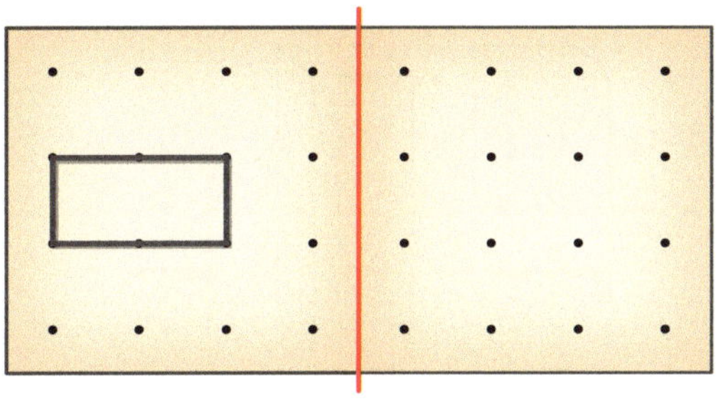

C

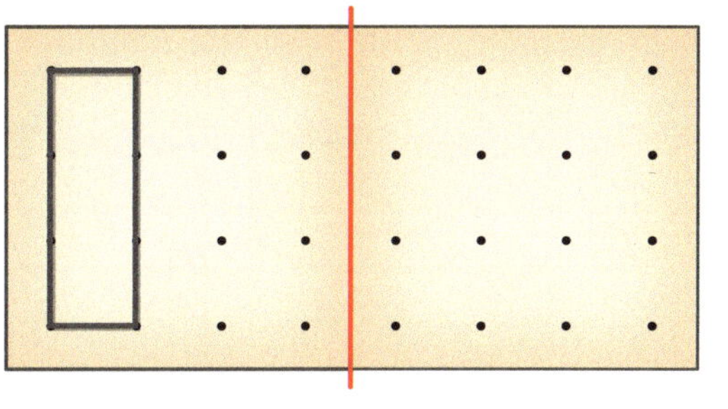

D

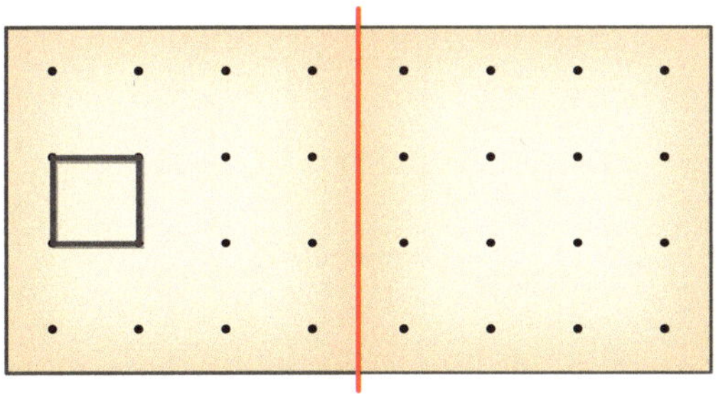

E

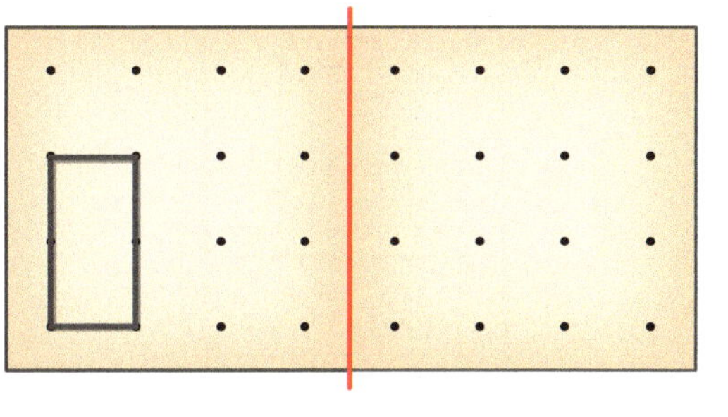

F

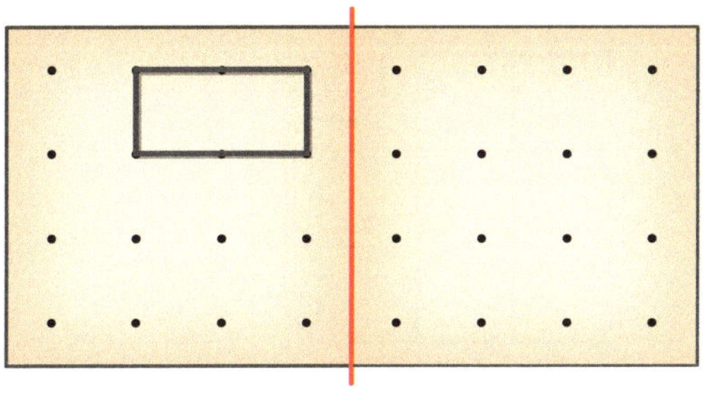

G

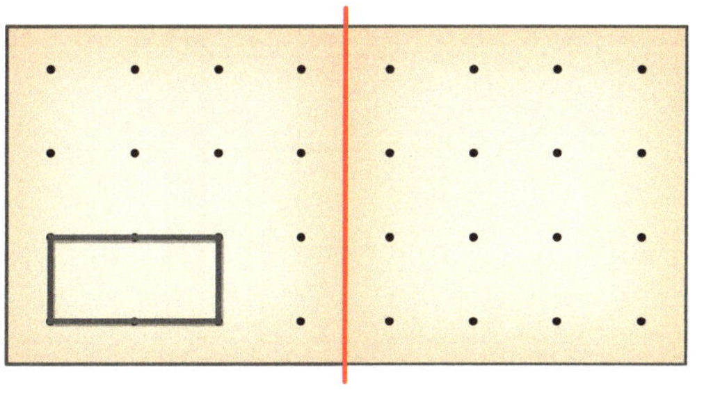

Evtl. Figuren nachspannen.
Spiegelbild freihand nachzeichnen.

Symmetrie

Spiegelbilder am Geobrett

1 Zeichne jeweils das Spiegelbild. Prüfe mit dem Spiegel.

A
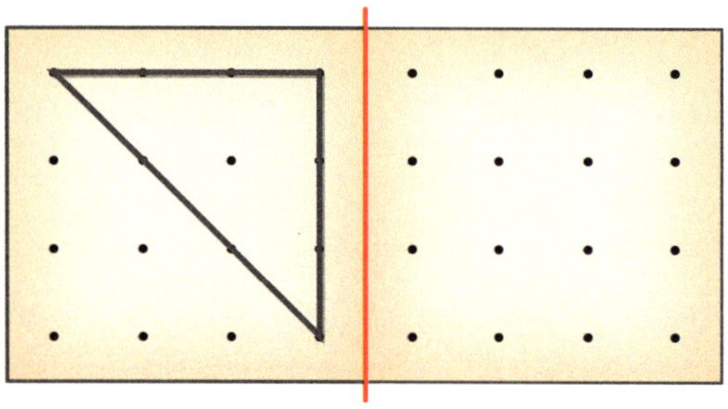

B
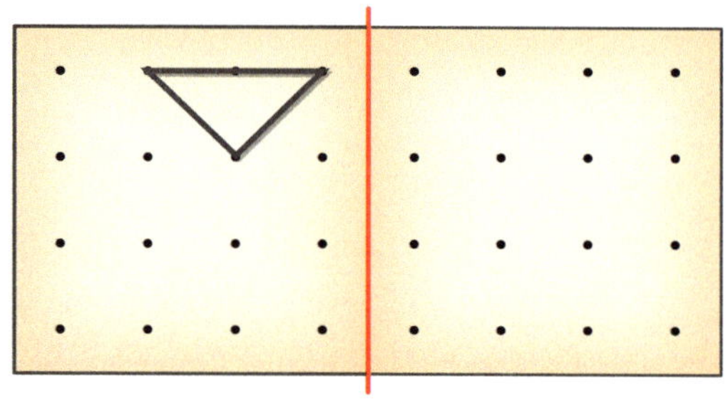

C
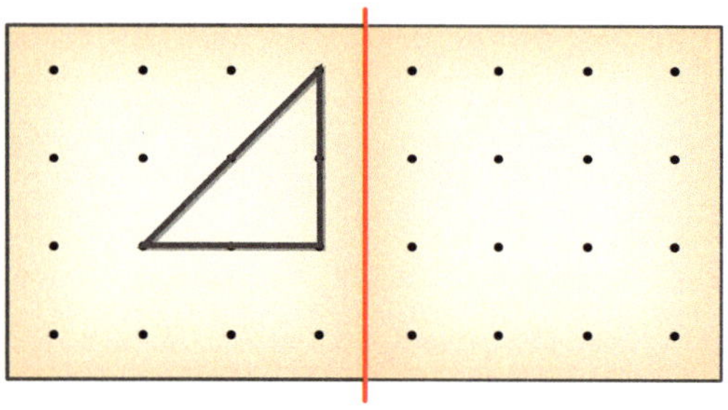

D
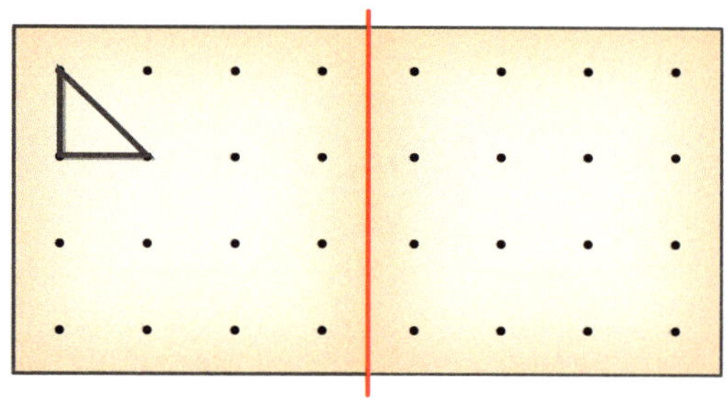

E
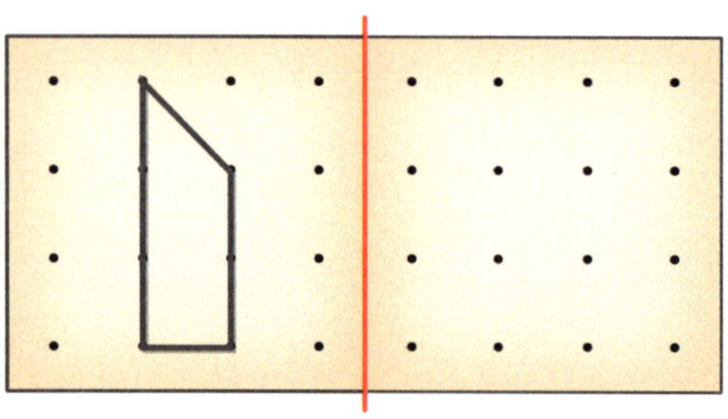

F
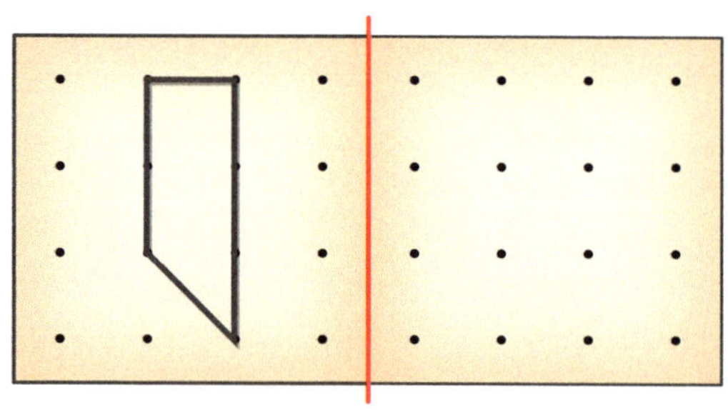

G
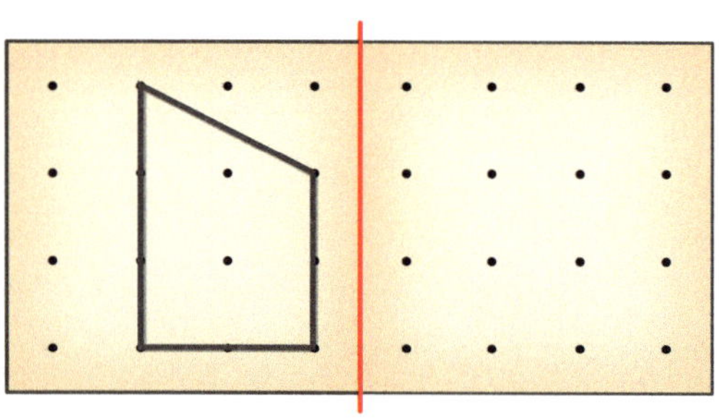

H
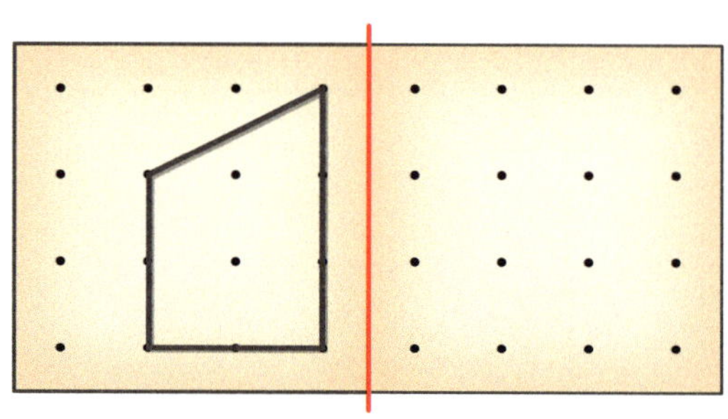

Evtl. Figuren nachspannen.
Spiegelbild freihand nachzeichnen.

1 Zeichne die Figuren mit Lineal und spitzem Bleistift.

A

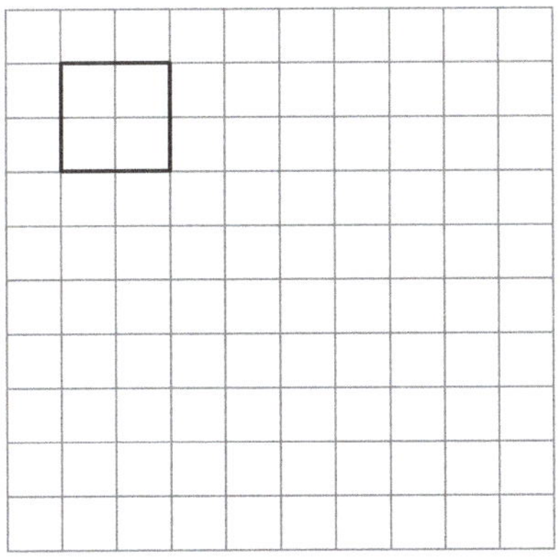

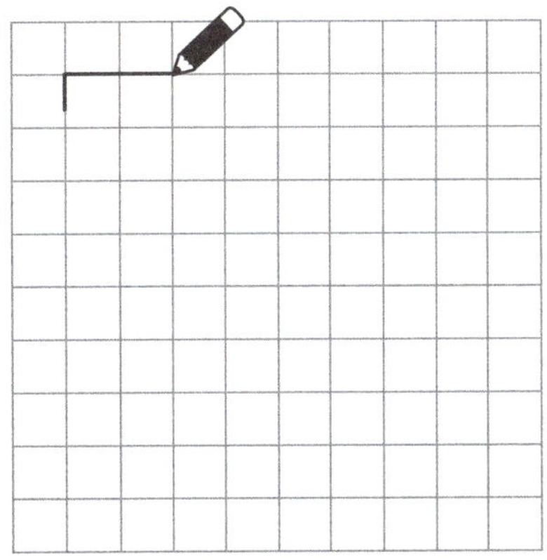

B

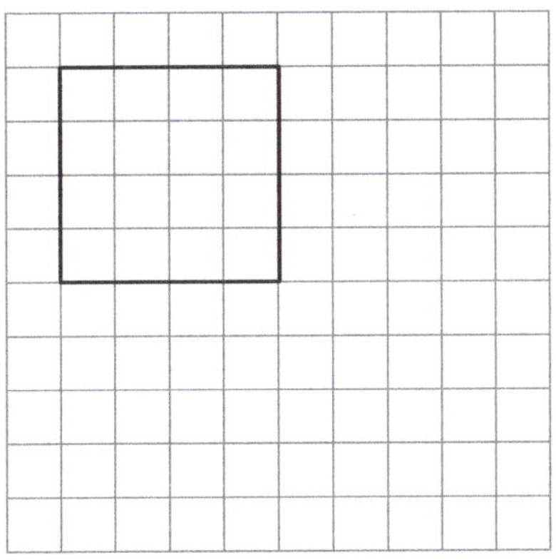

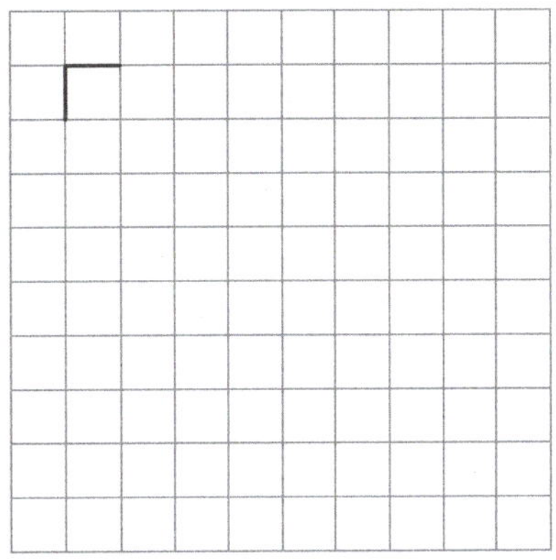

C

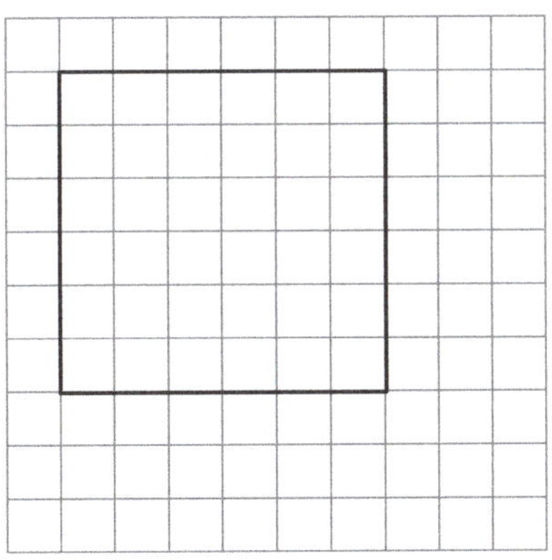

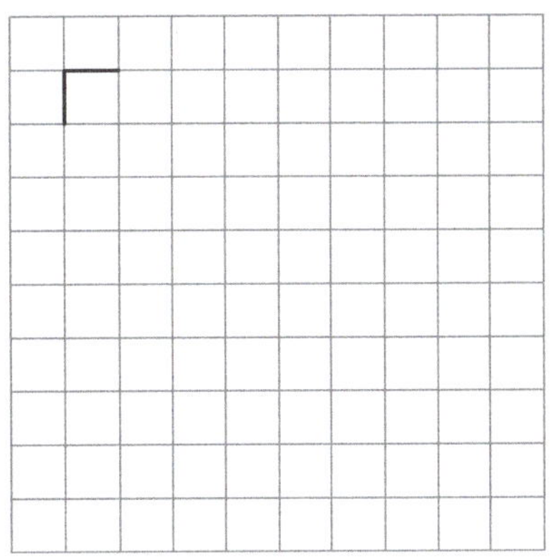

D

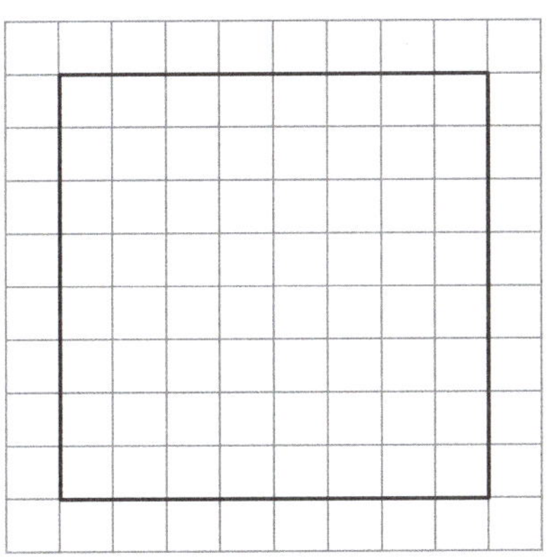

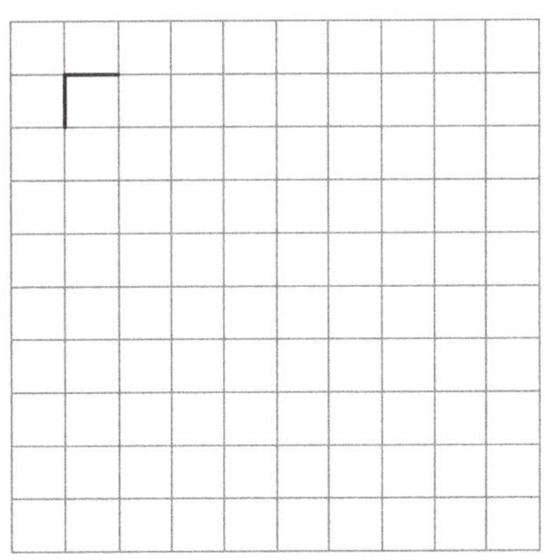

Zeichenkurs
Figuren zeichnen

1 Zeichne die Figuren mit Lineal und spitzem Bleistift.

A

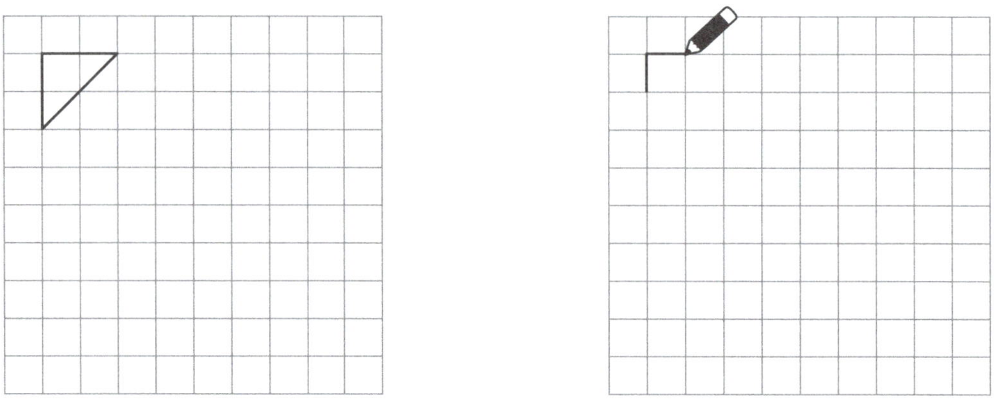

B

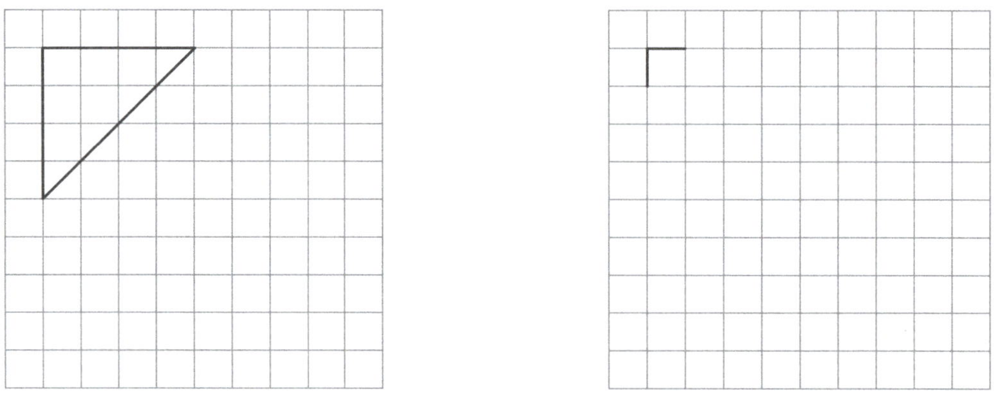

C

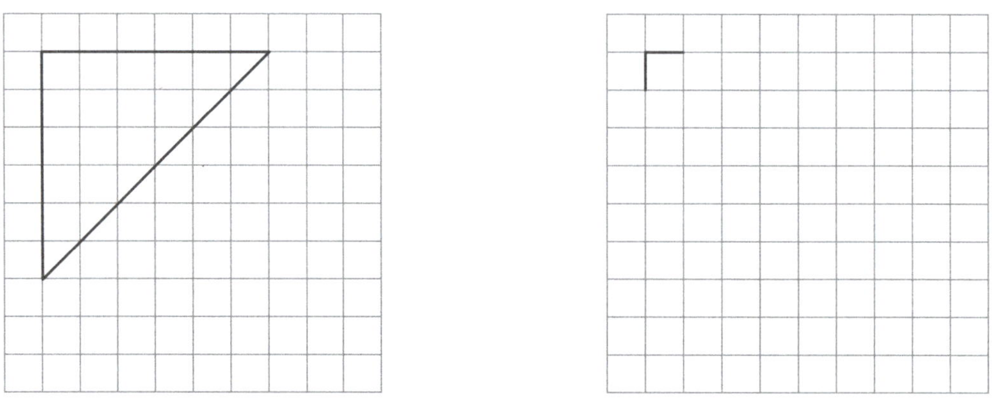

D

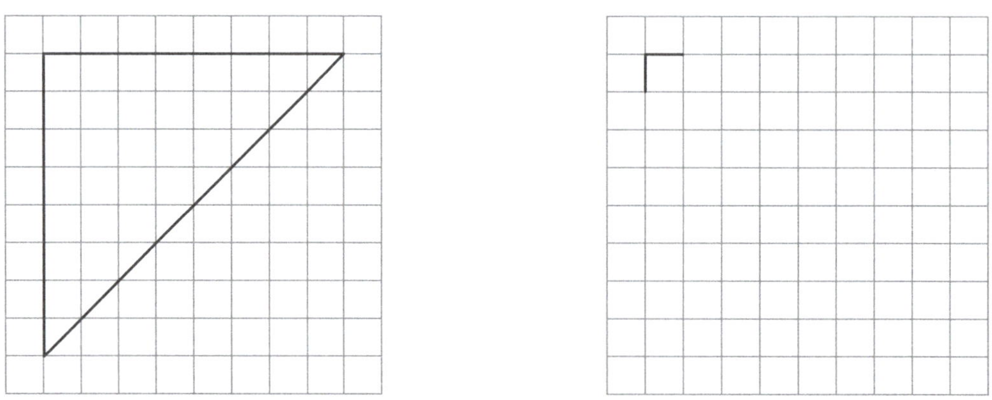

1 Vergrößere die Figuren. Zeichne jede Linie **doppelt** so lang.

A

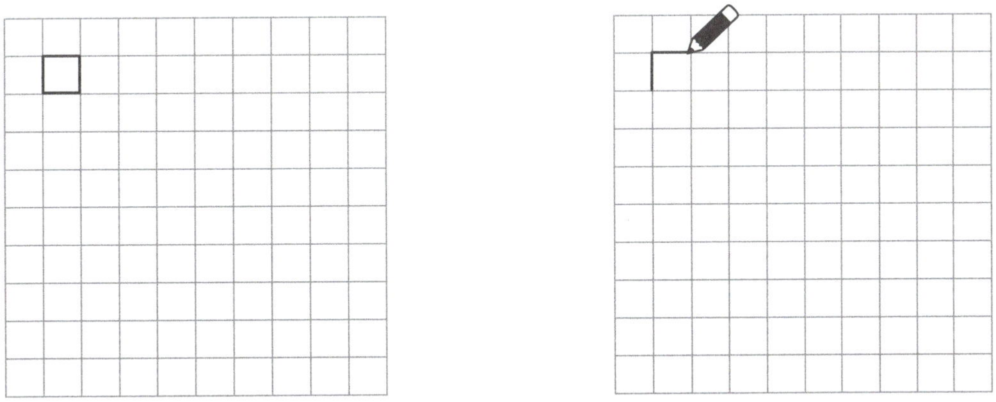

B

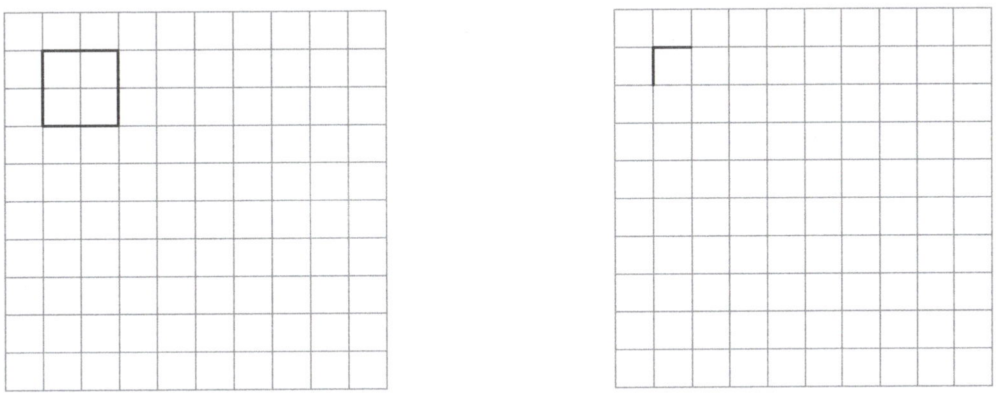

C

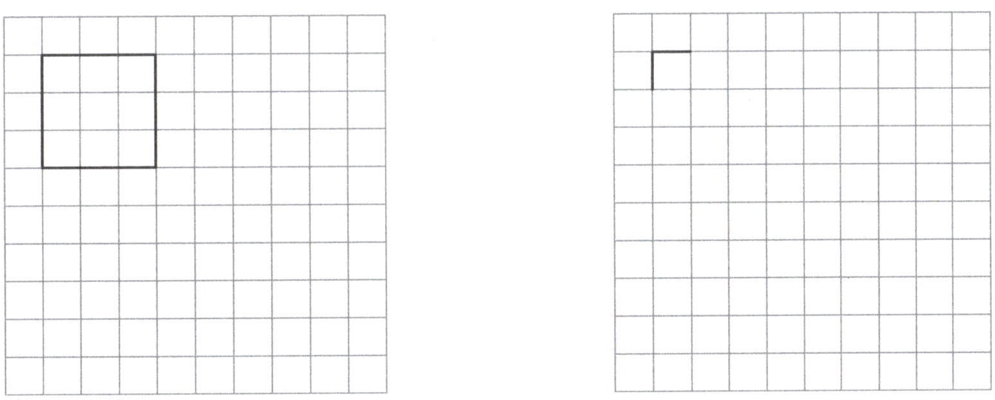

D

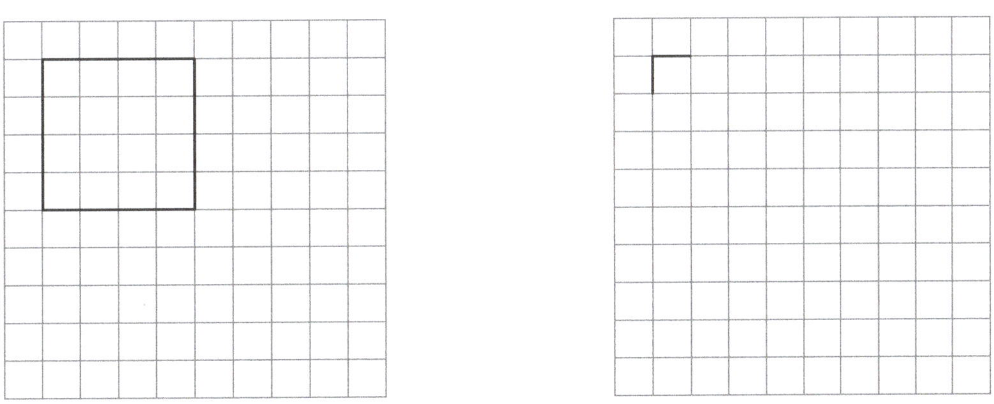

Mit Lineal und spitzem Bleistift zeichnen.

1 Vergrößere die Figuren. Zeichne jede Linie **doppelt** so lang.

A
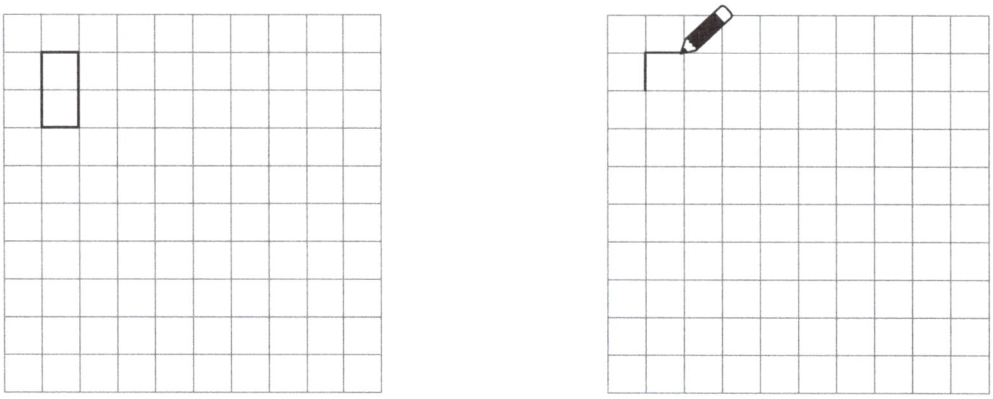

B
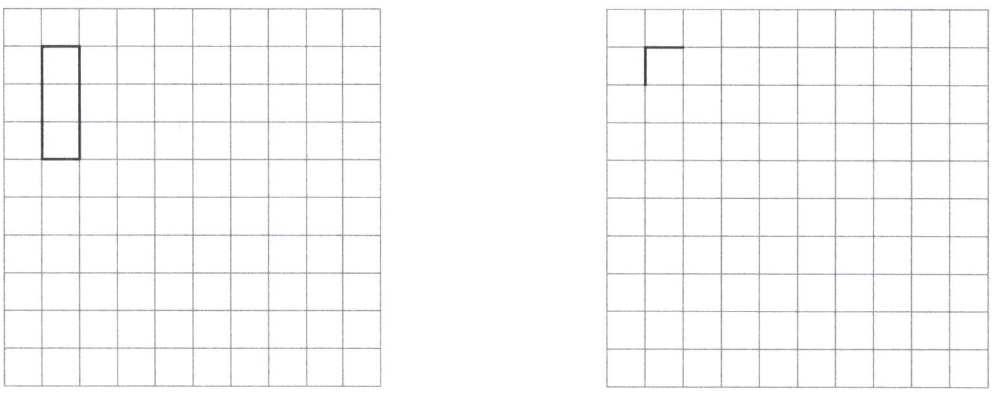

C
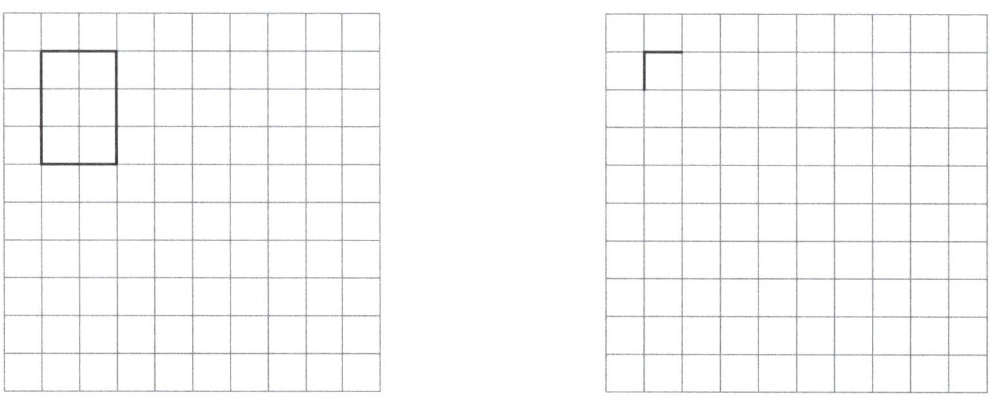

D
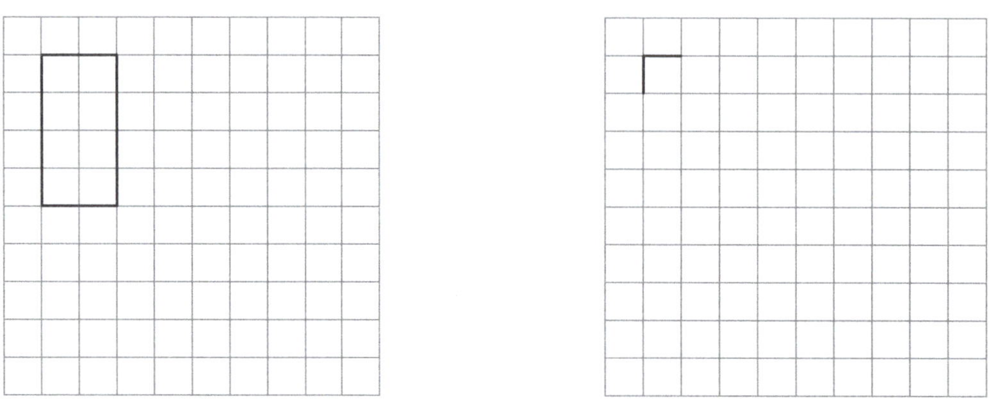

Mit Lineal und spitzem Bleistift zeichnen.

1 Verkleinere die Figuren. Zeichne jede Linie **halb** so lang.

A
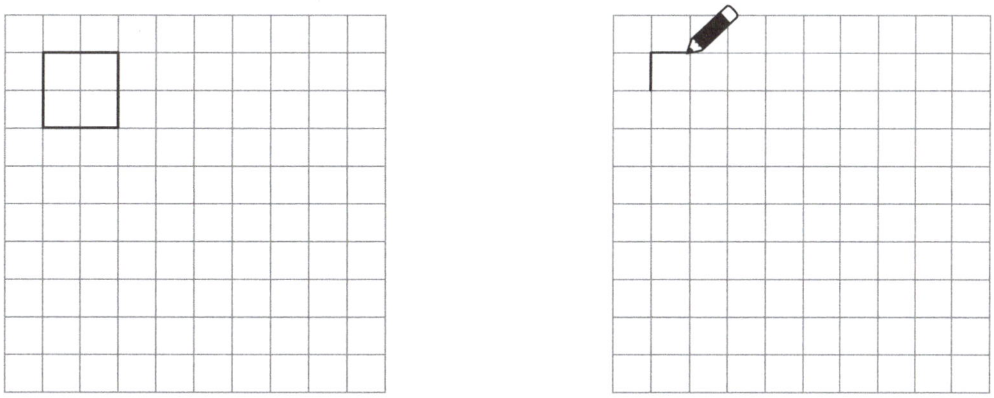

B
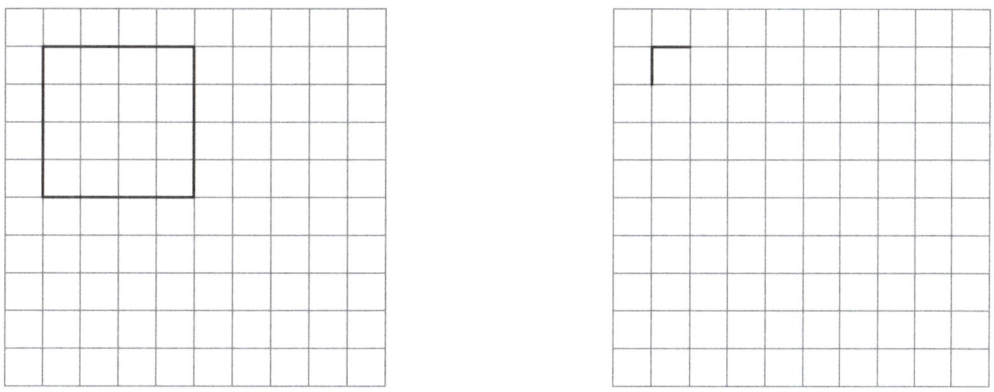

C
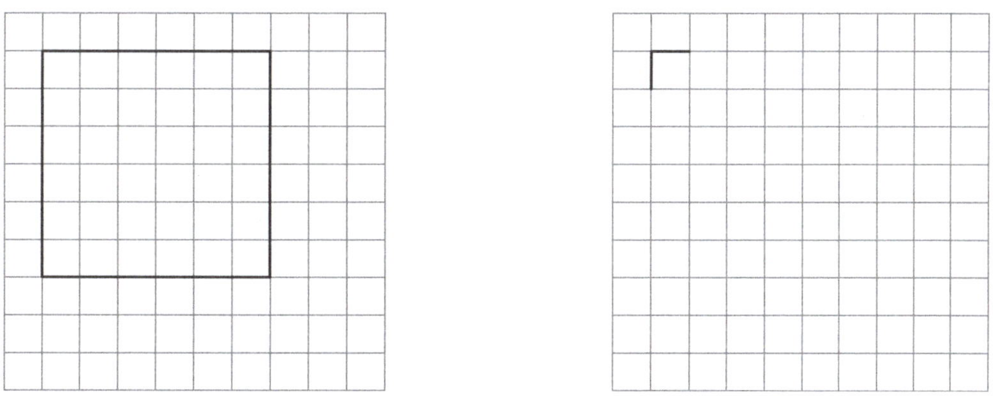

D
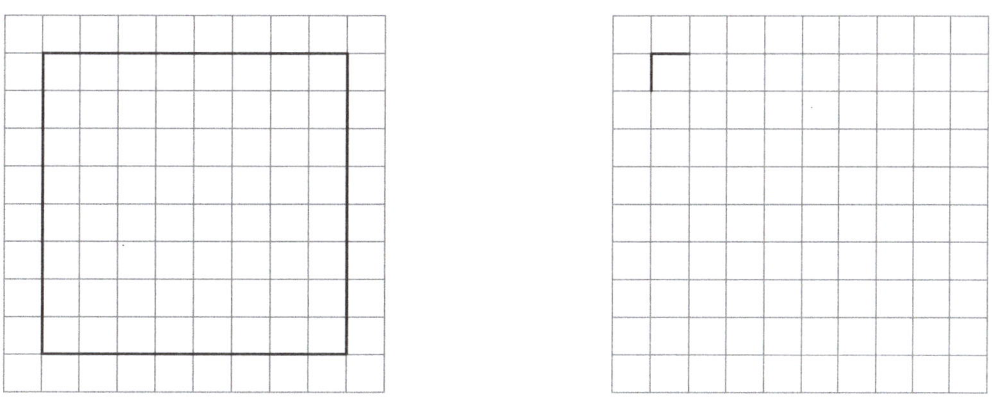

Mit Lineal und spitzem Bleistift zeichnen.

1 Verkleinere die Figuren. Zeichne jede Linie **halb** so lang.

A
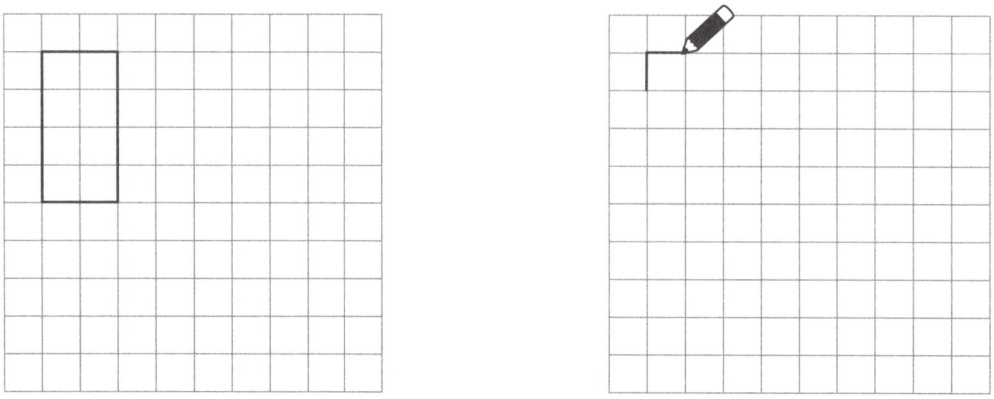

B
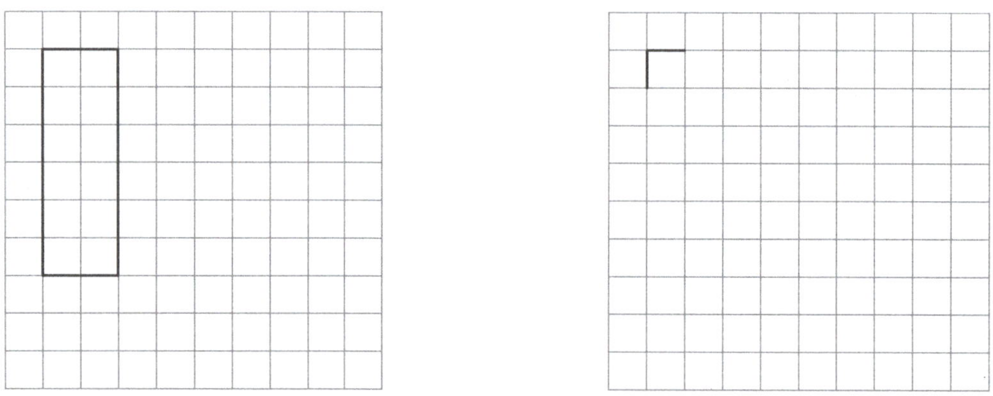

C
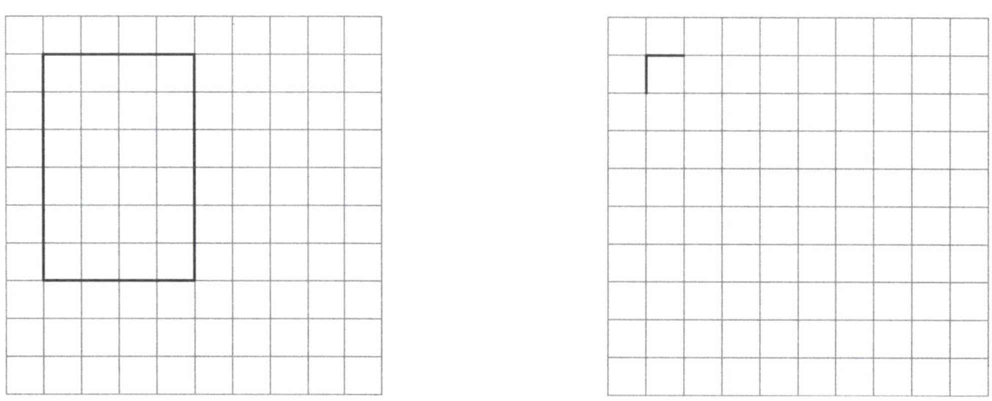

D
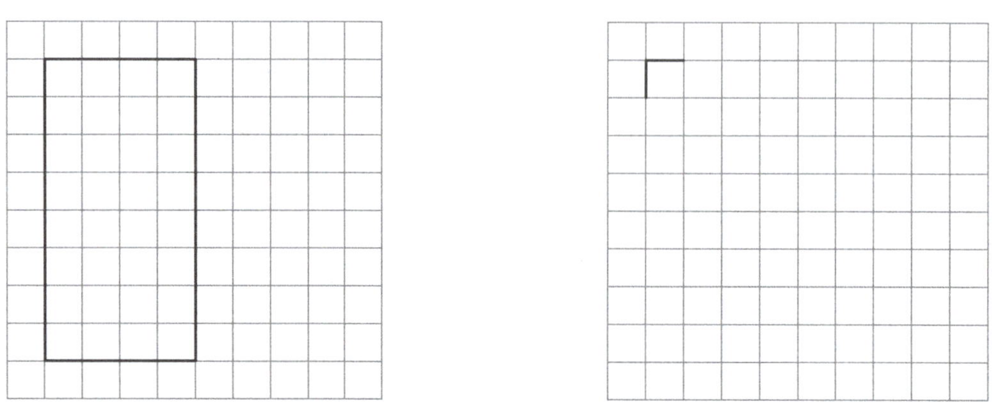

Mit Lineal und spitzem Bleistift zeichnen.

1 Setze die Bandornamente fort.

A
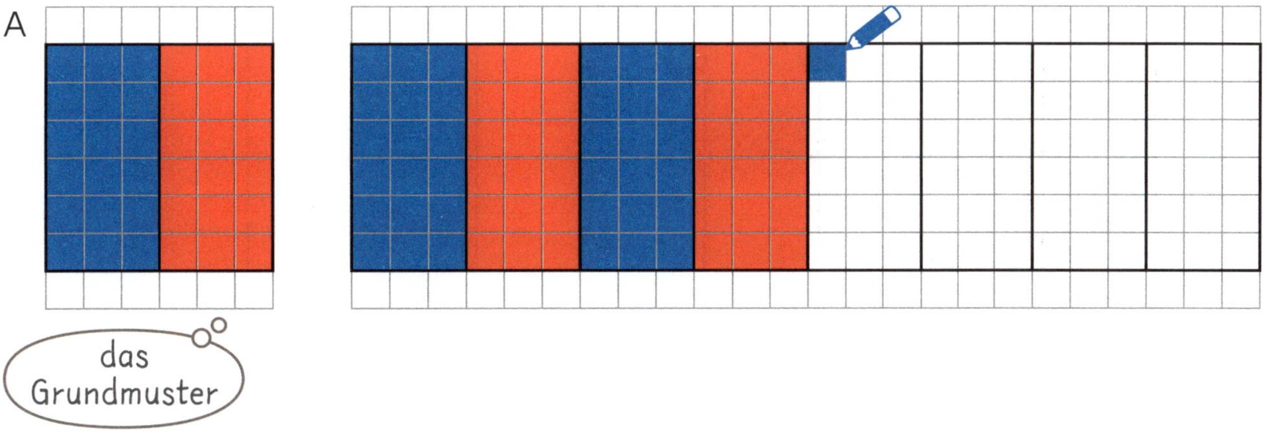

B
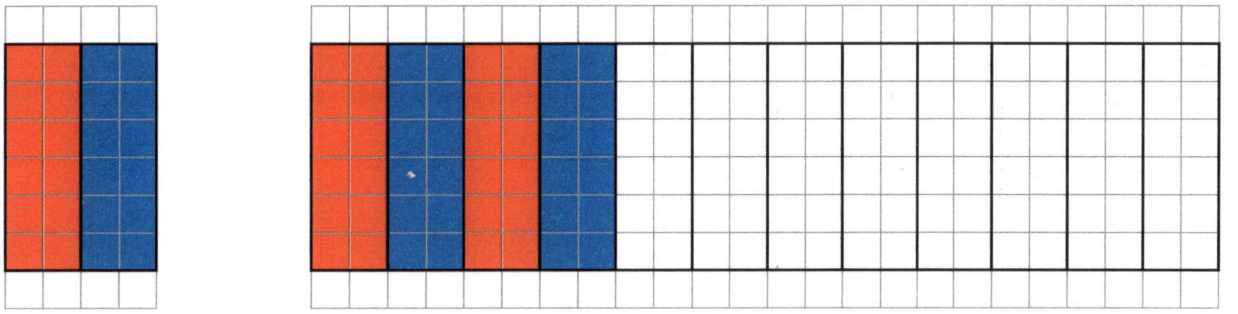

C
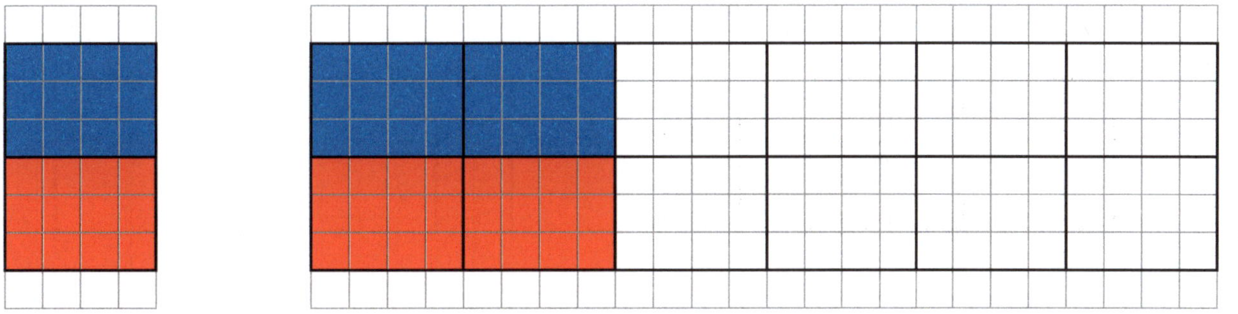

D
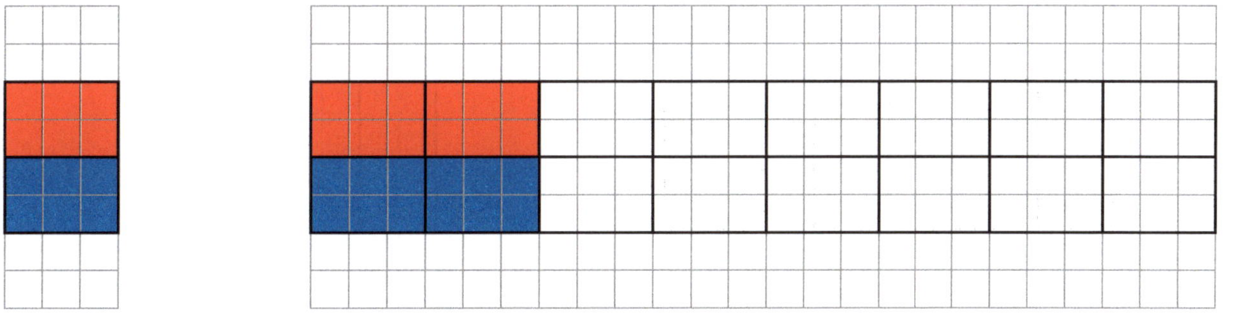

1 Erkenne jeweils das Grundmuster. Setze die Bandornamente fort.

A
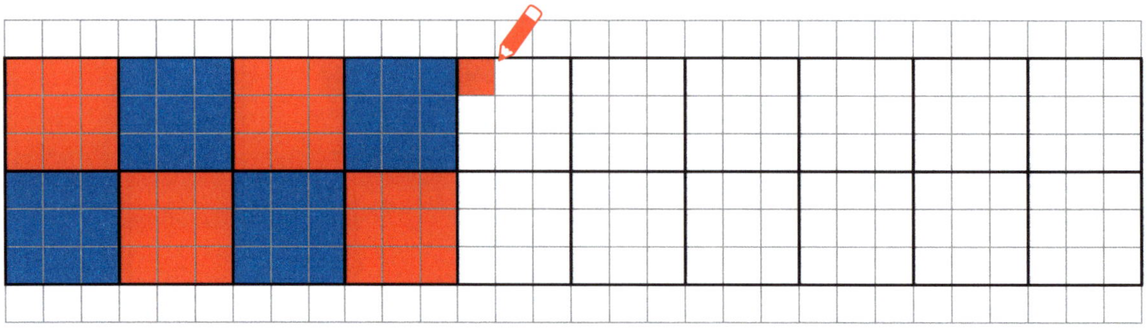

B
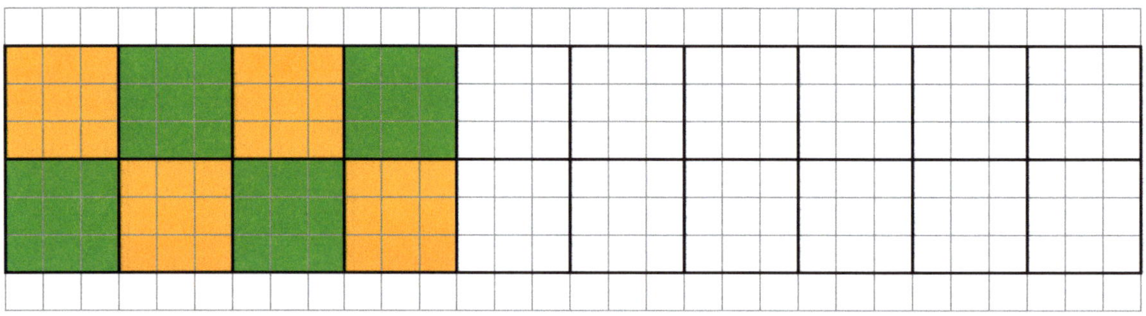

C
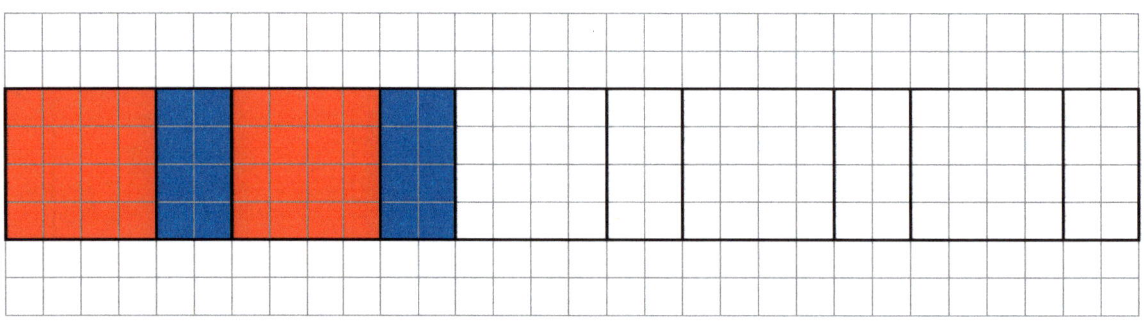

D
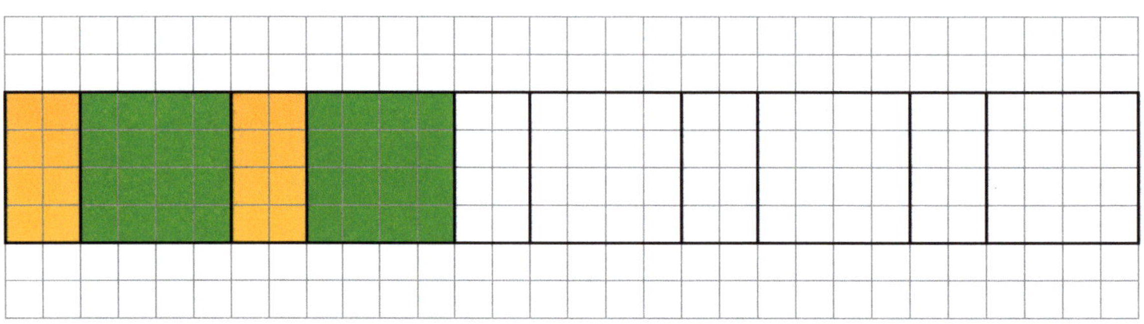

1 Wo wurden die Figuren ausgeschnitten? Verbinde.

A
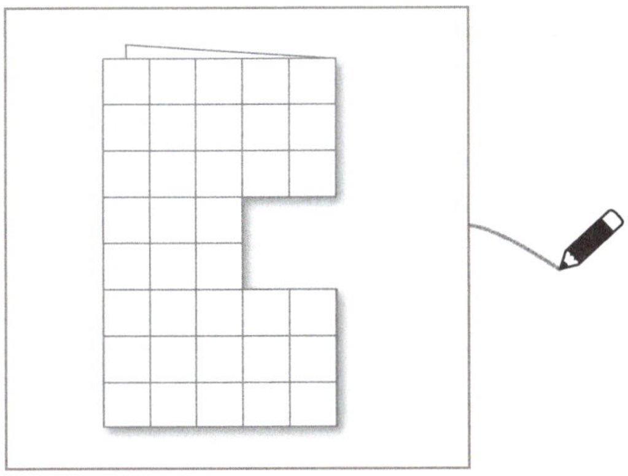

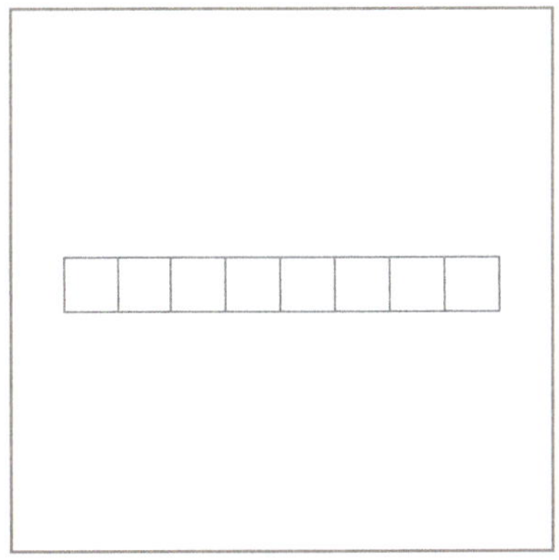

B
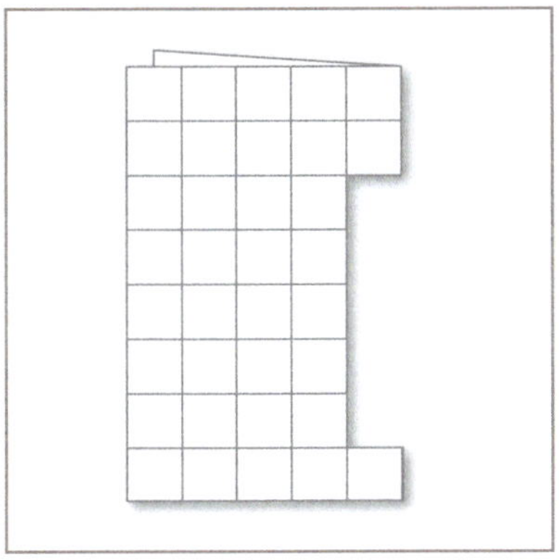

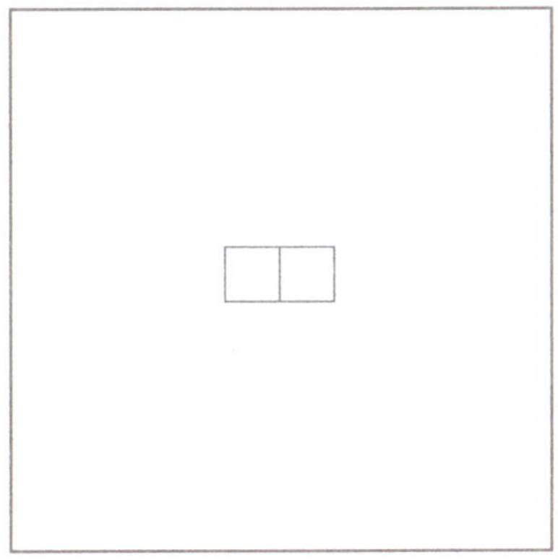

C
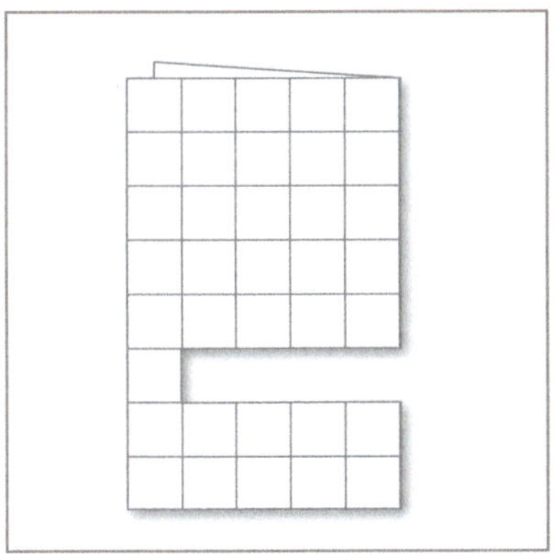

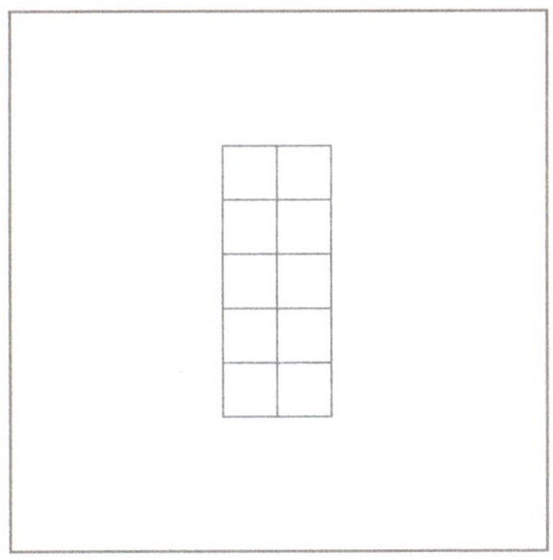

D
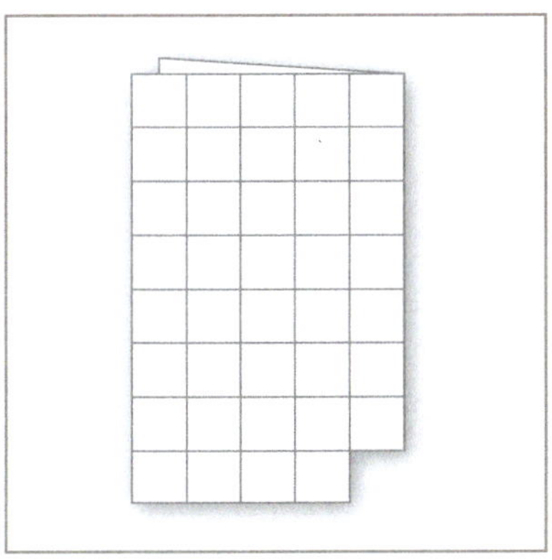

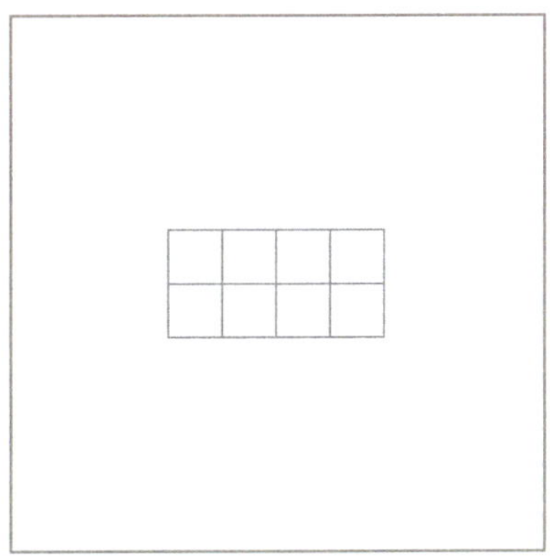

1 Zeichne die Figuren, die durch das Ausschneiden und Aufklappen entstehen werden.

A
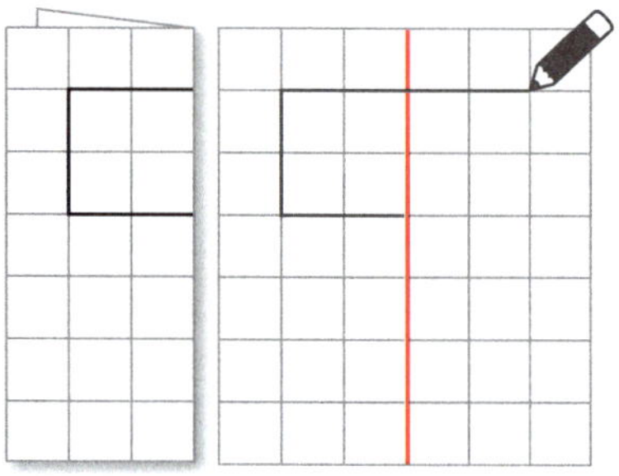

B
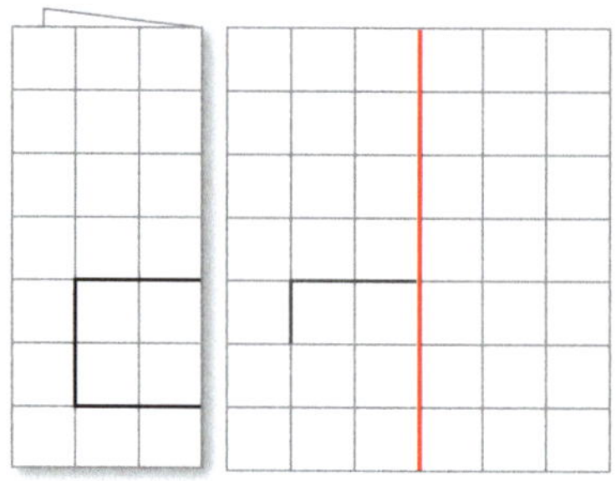

C
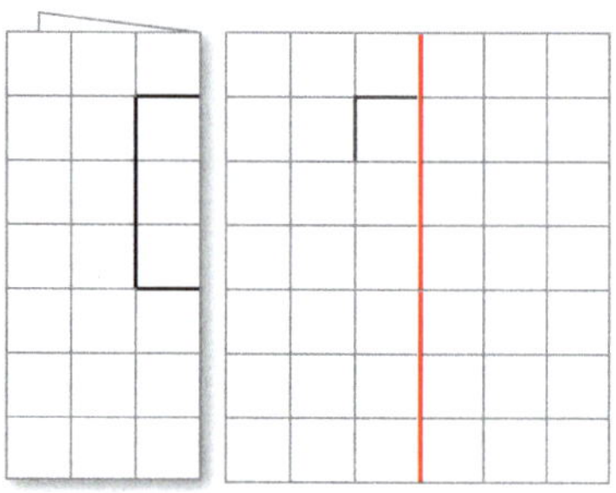

D
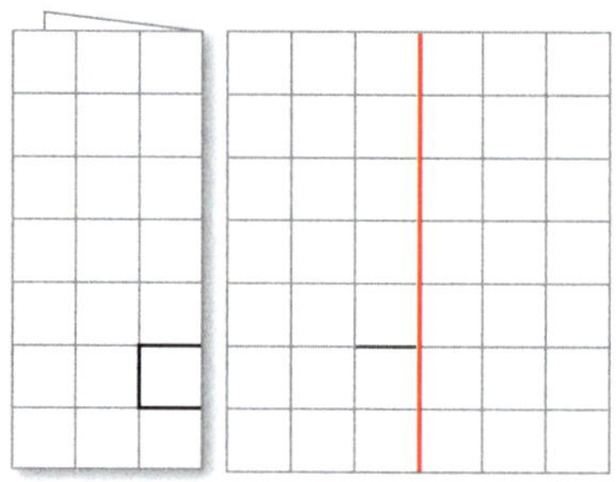

E
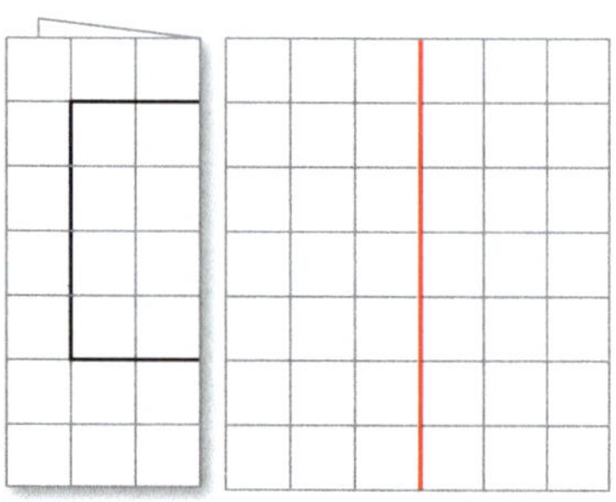

F
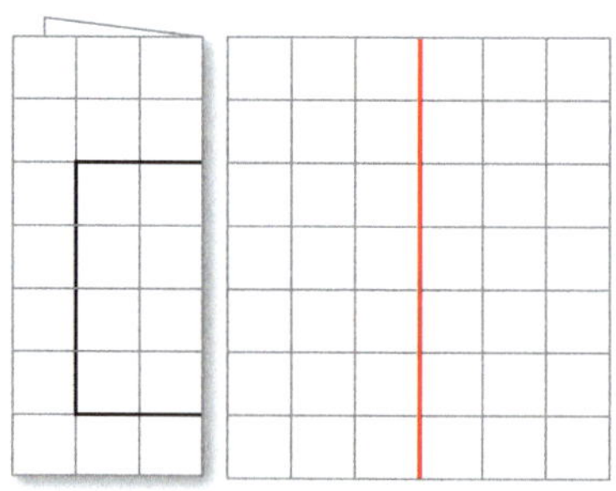

G
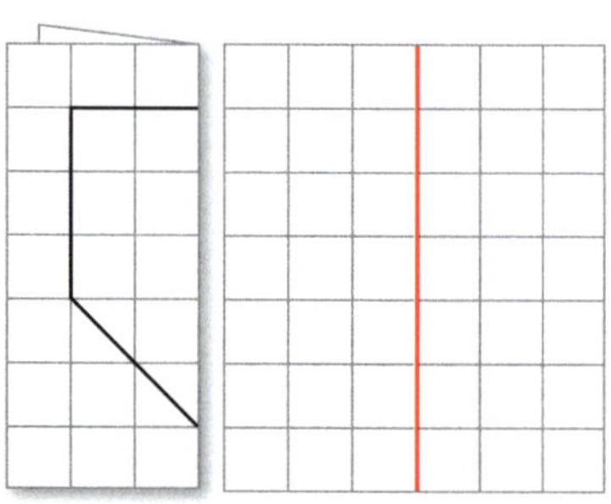

H
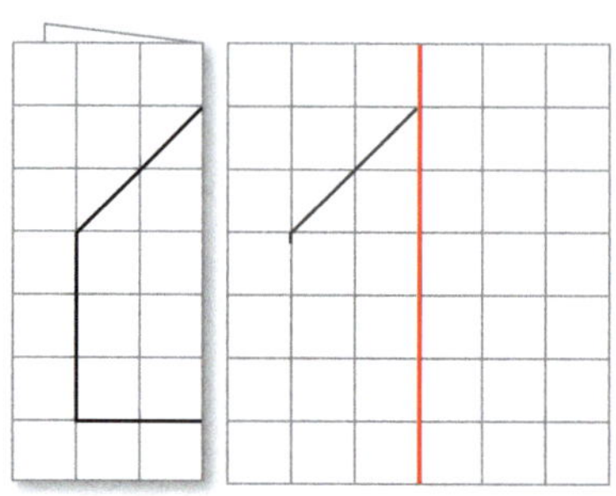

Achsensymmetrie
In der Umwelt

1 Welche Figuren sind symmetrisch?
Zeichne alle Symmetrieachsen ein. Prüfe mit dem Spiegel.

A

B

C

D

E

F

G

H

1 Welche Figuren sind symmetrisch?
Zeichne alle Symmetrieachsen ein. Prüfe mit dem Spiegel.

A
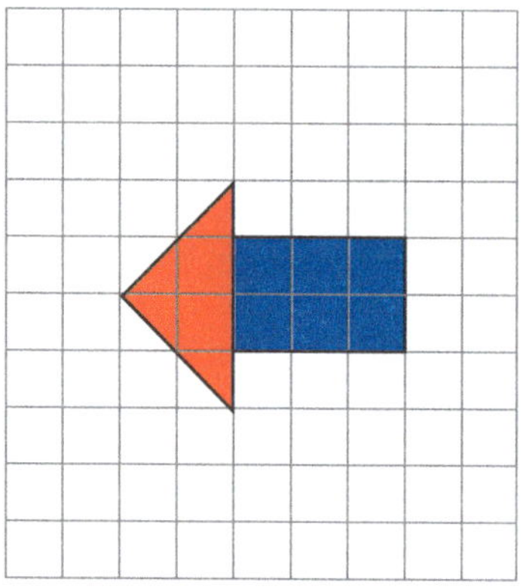

B
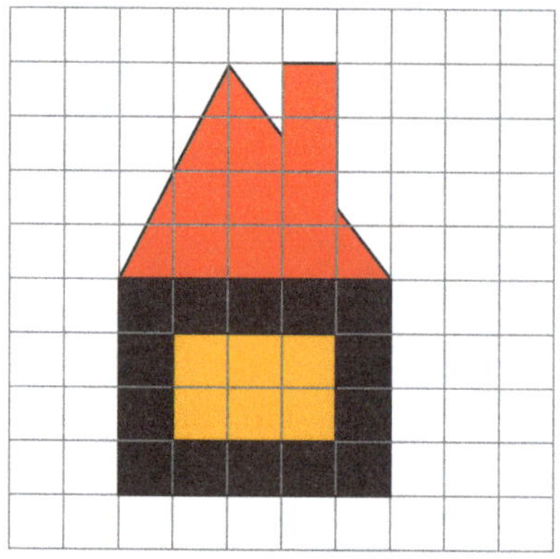

C
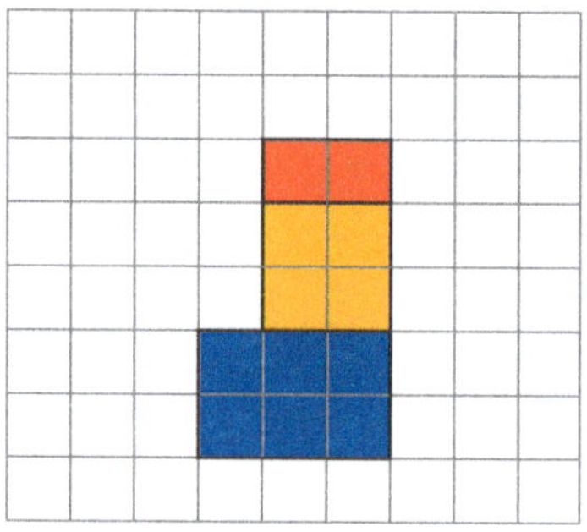

D
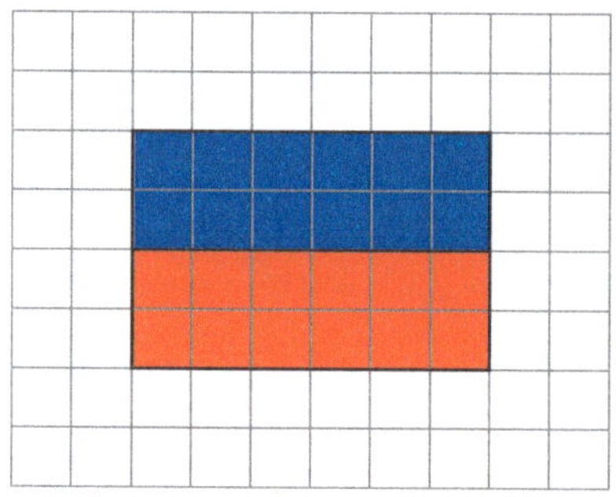

2 Zeichne alle Symmetrieachsen ein.
Prüfe mit dem Spiegel.

A
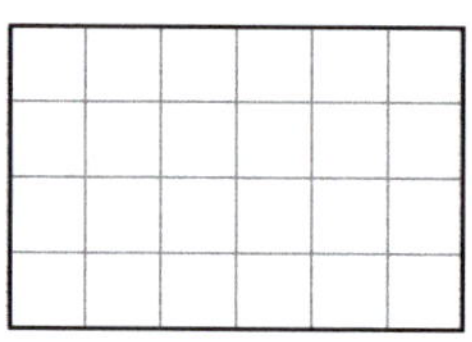

B
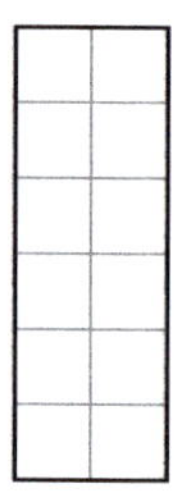

C
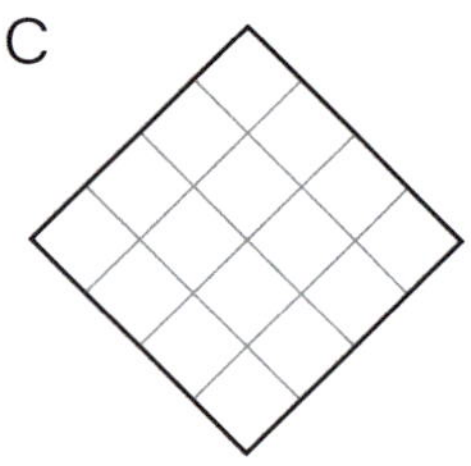

D
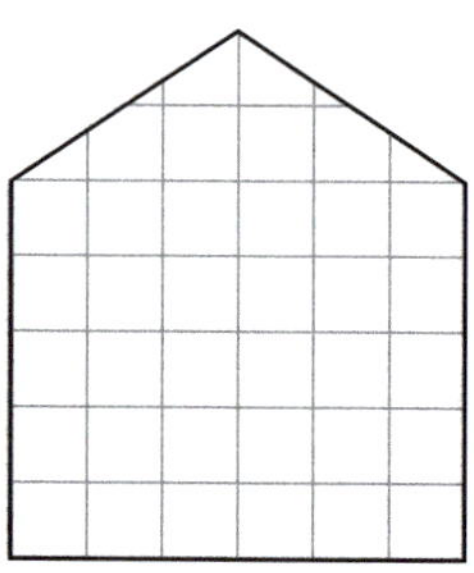

E
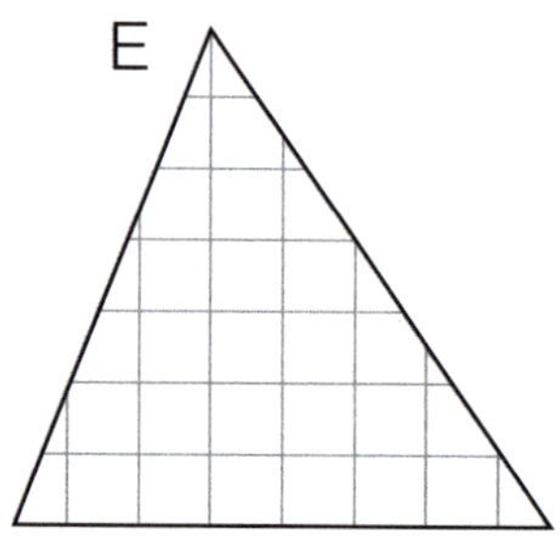

F
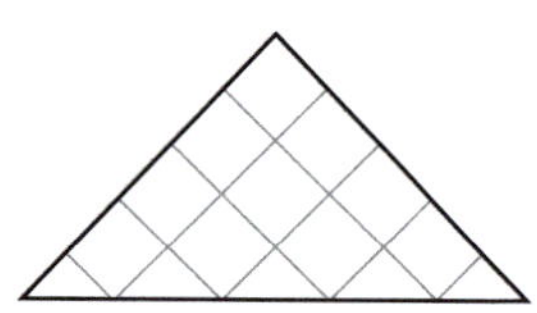

1 Ergänze jeweils symmetrisch. Prüfe mit dem Spiegel.

A
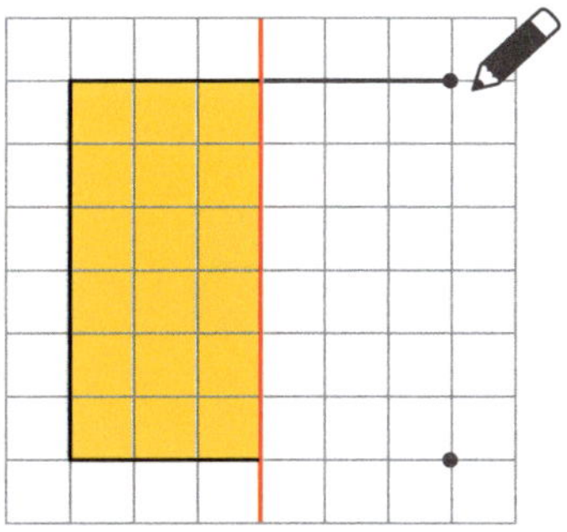

B
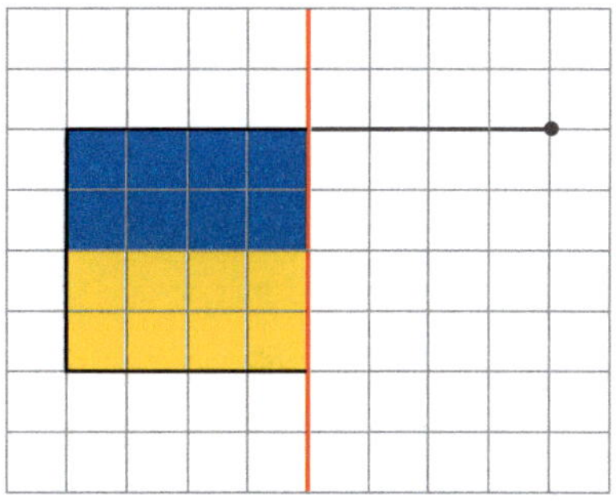

C
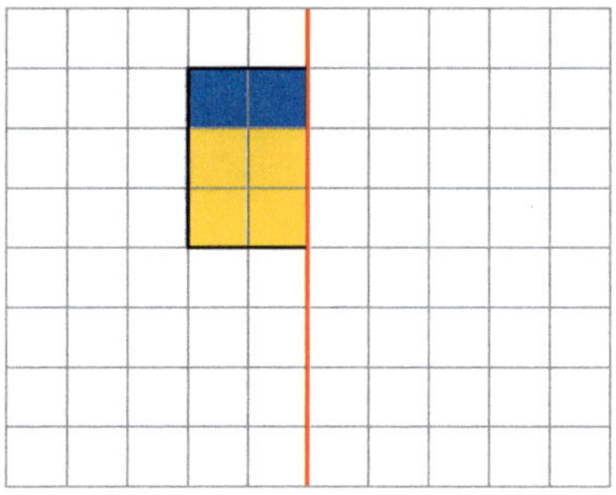

D
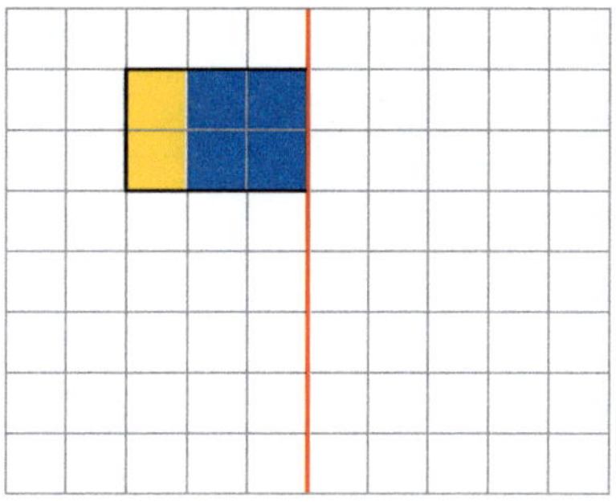

E
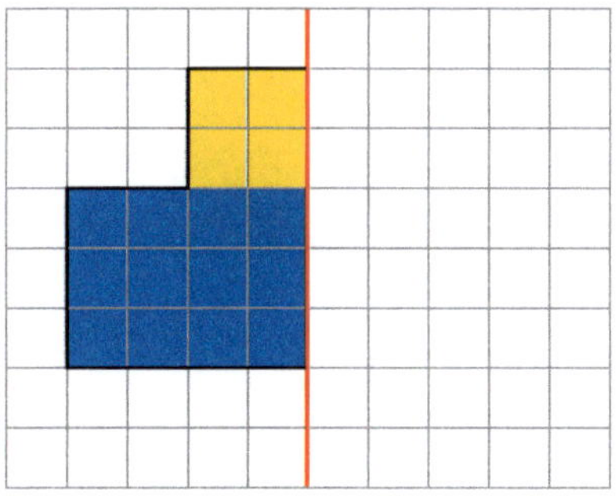

F
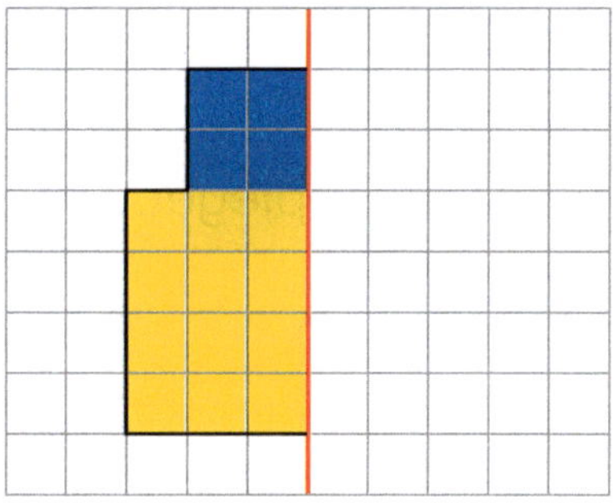

G
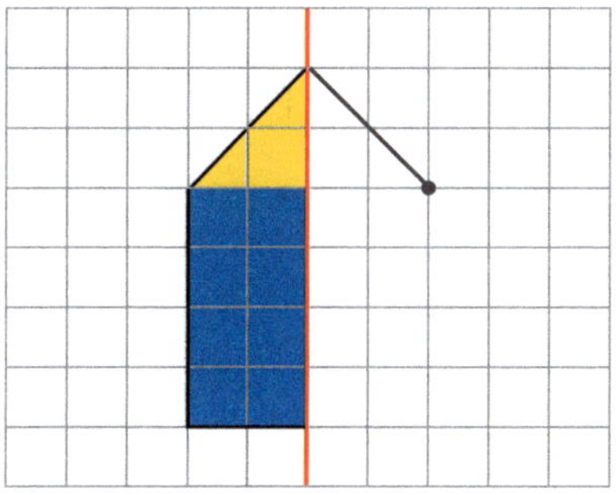

H
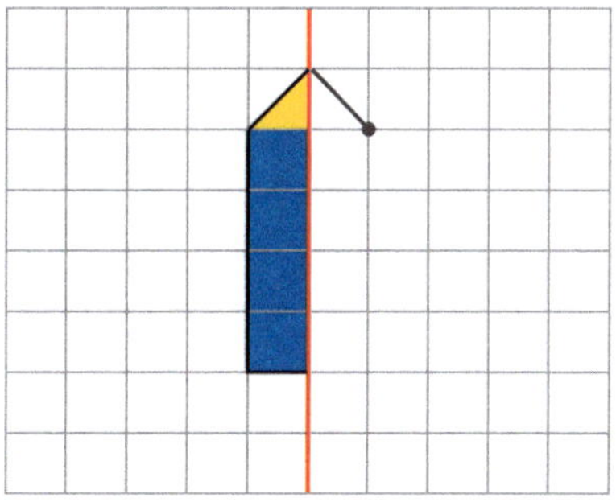

QR-Code: Evtl. Erklärvideo nutzen.

1 Ergänze jeweils symmetrisch. Prüfe mit dem Spiegel.

A
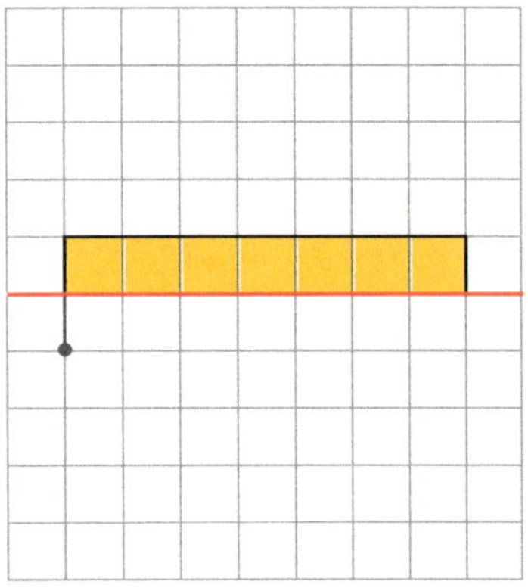

B
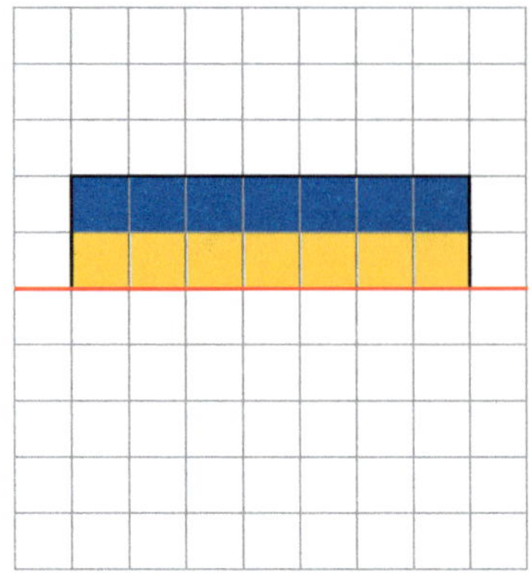

C
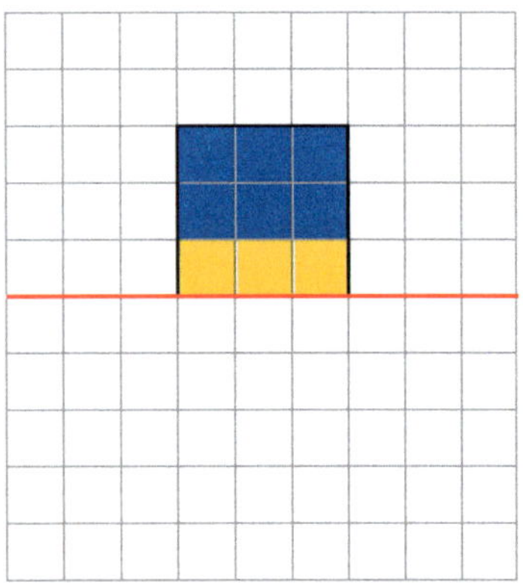

D
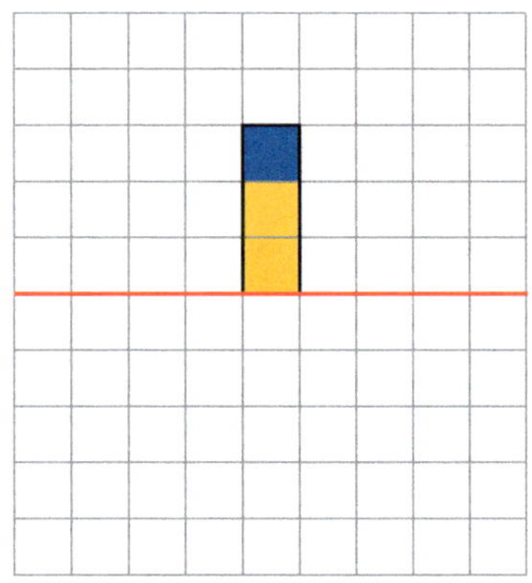

E
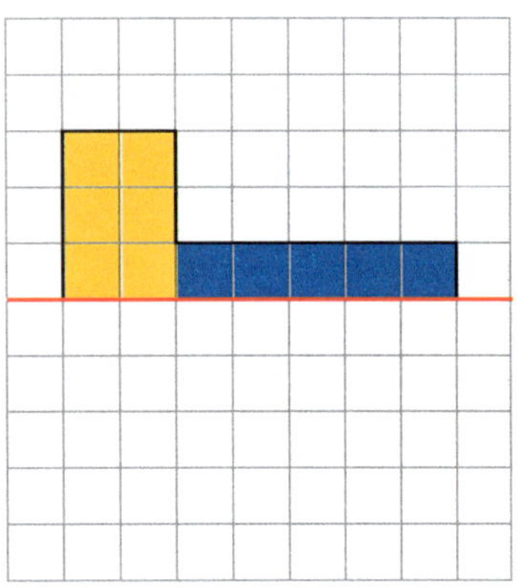

F
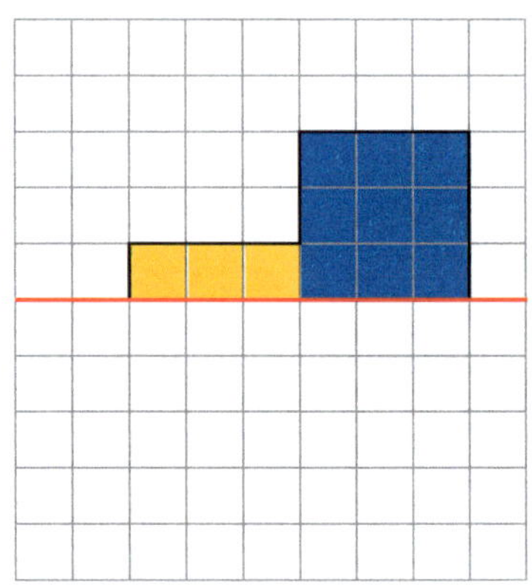

G
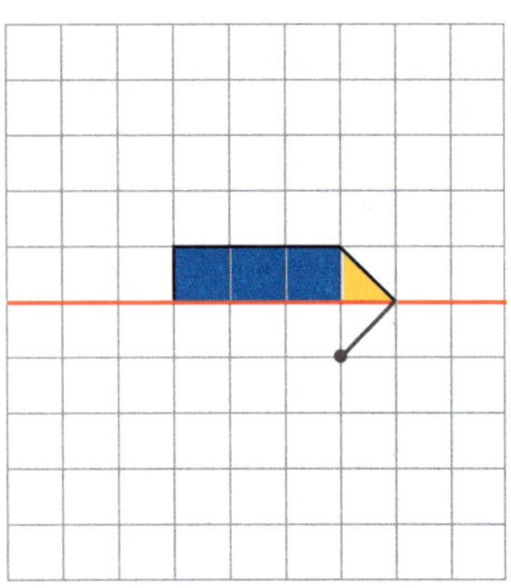

H
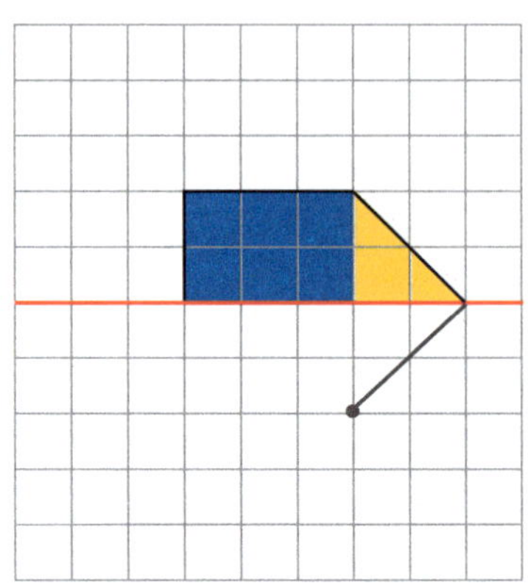

QR-Code: Evtl. Erklärvideo nutzen.

1 Vergrößere die Figuren. Zeichne jede Linie **doppelt** so lang.

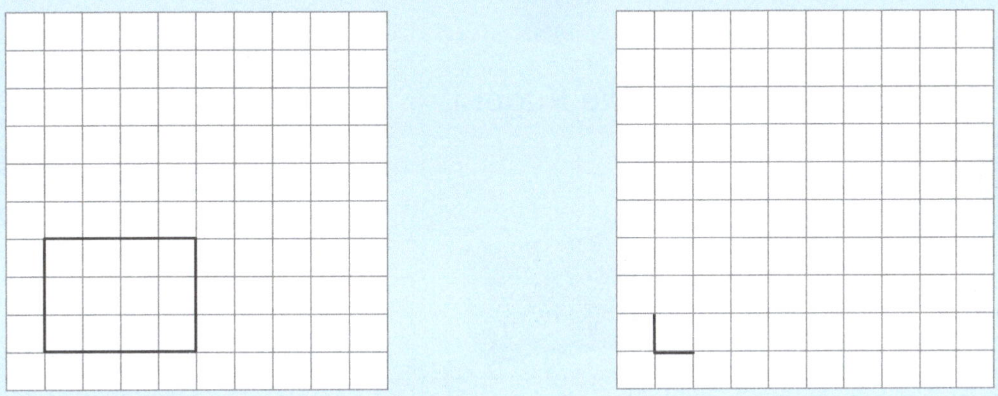

2 Verkleinere die Figuren. Zeichne jede Linie **halb** so lang.

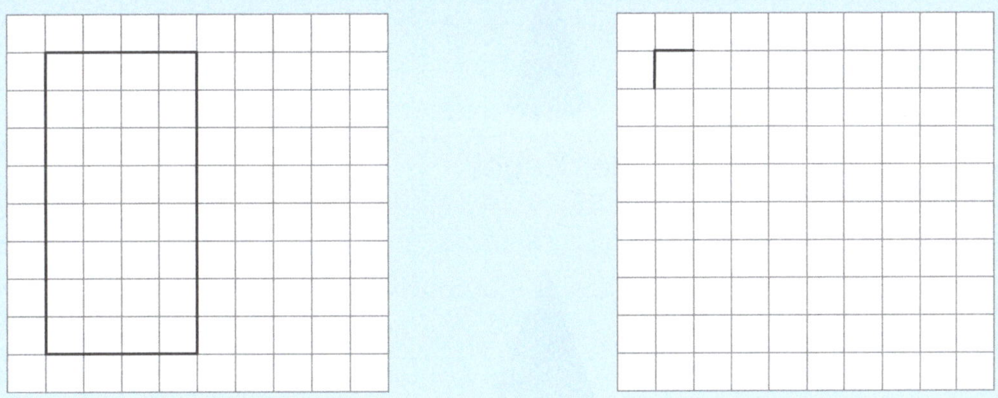

3 Ergänze jeweils symmetrisch.

A

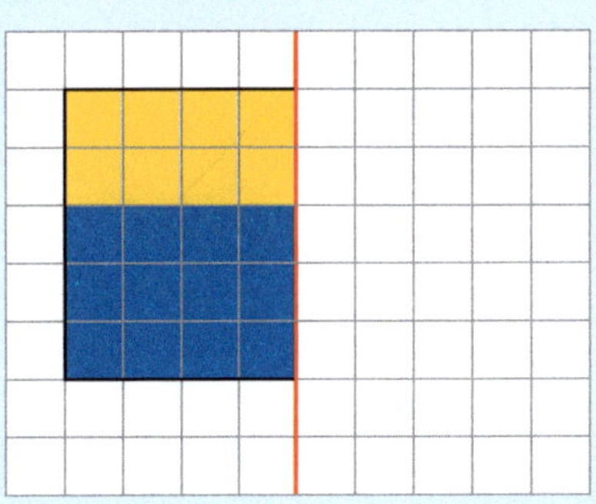

B

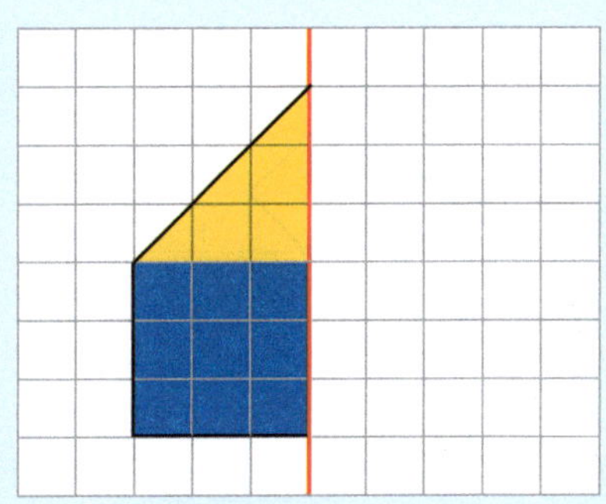

Zuerst Aufgaben lösen, dann selbst einschätzen.

1

der Tennisball

der Würfel

das Buch

die Kugel

die Eiswaffel

die Schultüte

der Quader

der Kegel

das Dach

der Spielwürfel

die Pyramide

der Anspitzer

der Zylinder

das Zelt

Gegenstände den passenden geometrischen Körpern zuordnen.

Geometrische Körper
In der Umwelt

der Würfel | der Quader | die Kugel | die Pyramide | der Zylinder | der Kegel

1 Welche geometrischen Körper erkennst du in den Gegenständen?

A Quader

B ____________

C ____________

D ____________

E ____________

F ____________

G ____________

H ____________

I ____________

J ____________

K ____________

L ____________

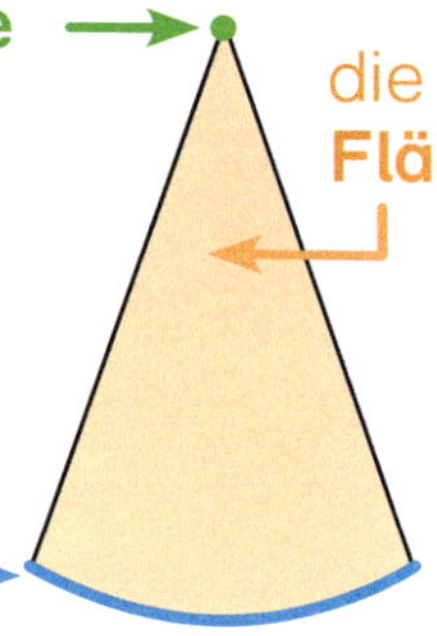

1

der Kegel

der Würfel

der Zylinder

die Pyramide

die Kugel

Ecken	8
Kanten	12
Flächen	6

Spitze	1
Kanten	1
Flächen	2

Ecken	5
Kanten	8
Flächen	5

Ecken	0
Kanten	0
Flächen	1

Ecken	0
Kanten	2
Flächen	3

Eigenschaften den passenden geometrischen Körpern zuordnen.

Dies ist ein Würfelnetz.

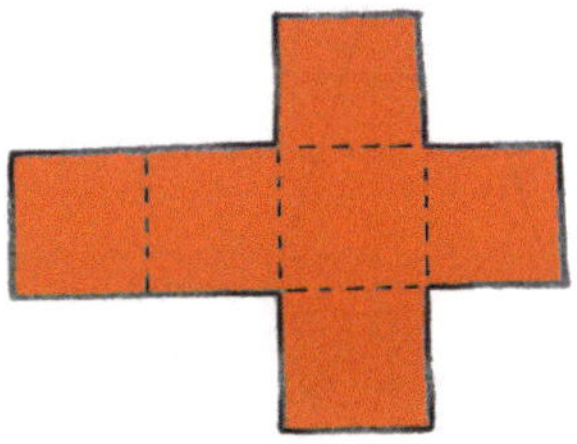

So falte ich daraus einen Würfel.

1 Sind es Würfelnetze? Kreuze an. ⊗

A

⊗ ja ○ nein

B

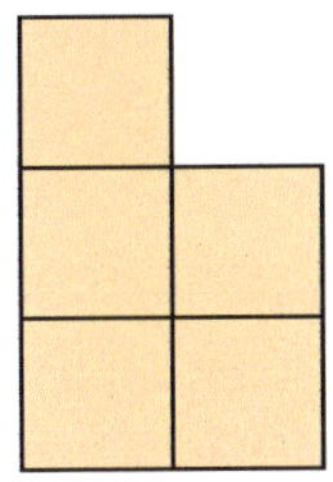

○ ja ○ nein

C

○ ja ○ nein

D

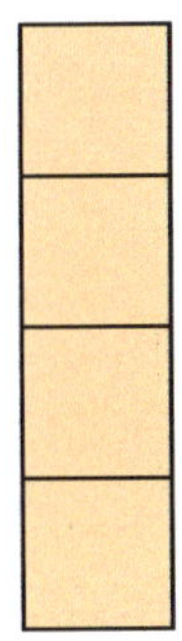

○ ja ○ nein

E

○ ja ○ nein

F

○ ja ○ nein

Evtl. Netze auf Karopapier zeichnen, ausschneiden und falten.

Würfelgebäude
Baupläne

1 Ordne jedem Würfelgebäude den passenden Bauplan zu.

A

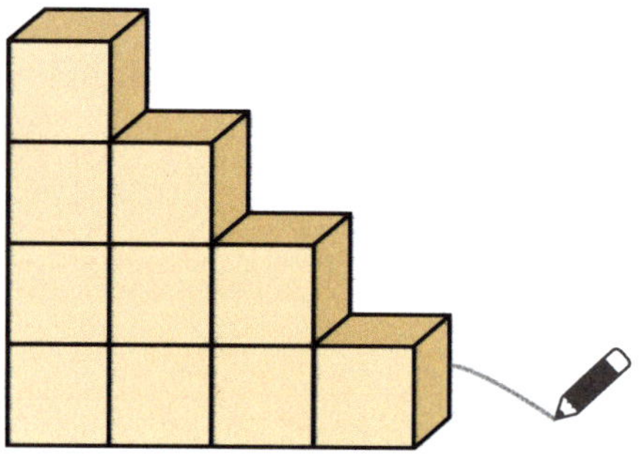

4	1	1	3

B

4	3	2	1

3	1	3	1

C

4	4	3	2

D

1	4	3	2

Evtl. nachbauen.

1 Ordne jedem Würfelgebäude den passenden Bauplan zu.

A

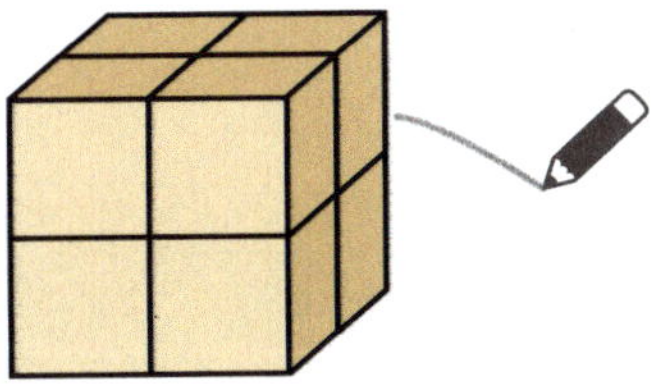

2	1
2	1

2	2
2	2

B

2	2
2	1

C

2	2
1	1

D

1	3
1	1

Evtl. nachbauen.

Würfelgebäude
Baupläne

1 Schreibe die Baupläne zu den Würfelgebäuden.

A

1	2		

B

C

D

2 A

1	

B

C

D

Evtl. nachbauen.

1 Schreibe die Baupläne zu den Würfelgebäuden.

A

1		
1		

B

C

D

2 A

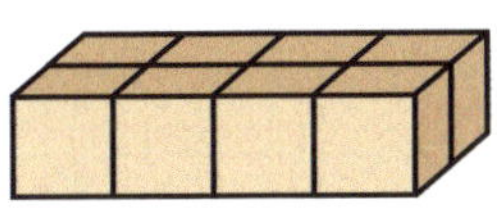

1			

B

C

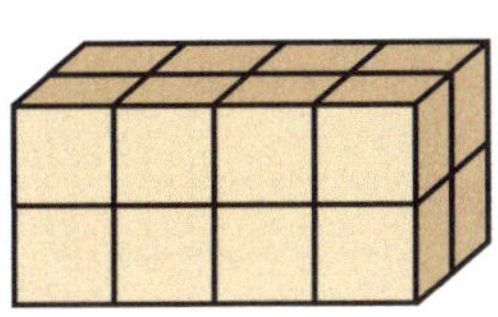

D

Evtl. nachbauen.

1 Welche geometrischen Körper erkennst du in den Gegenständen?

der Würfel | der Quader | die Kugel | die Pyramide | der Zylinder | der Kegel

A ____________________

B ____________________

C ____________________

D ____________________

E ____________________

F ____________________

2 Schreibe die Baupläne zu den Würfelgebäuden.

A

B

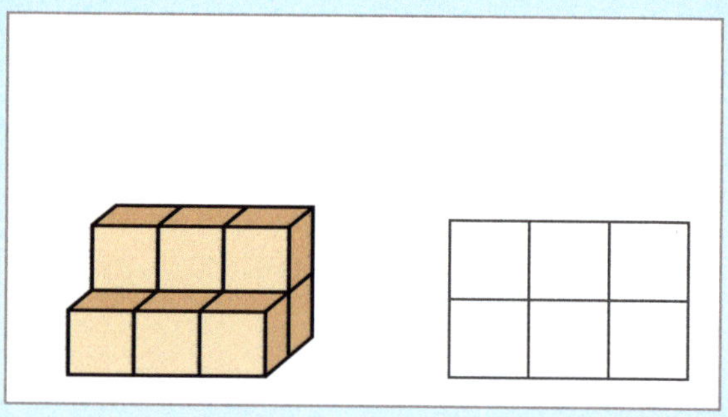

C

D

Zuerst Aufgaben lösen, dann selbst einschätzen.